高等学校计算机科学与技术教材

土木工程
Python 程序设计基础

刘飞禹　徐金明　**主编**

刘飞禹　徐金明　舒　展　徐淑亭　高晨博　**编著**

清 华 大 学 出 版 社
北京交通大学出版社
·北京·

内 容 简 介

本书基于 Python 3.10.9，主要内容包括 Python 程序设计基础、sklearn 应用基础、keras 应用基础、Python 结构工程应用基础、Python 岩土工程应用基础，涵盖了目前 Python 的主要应用方法，尤其是 Python 在土木工程领域的一些应用（如机器学习算法及其实现、建筑物与地下工程变形预测的算法实现）。

本书系统全面，内容合理，实例丰富，层次清晰，使用方便，适用性强，可作为高等学校理工科专业本科生、研究生的教学用书，也可供有关科研和工程技术人员参考使用。

图书在版编目（CIP）数据

土木工程 Python 程序设计基础 / 刘飞禹，徐金明主编 . —北京：北京交通大学出版社；清华大学出版社，2024. 1

ISBN 978-7-5121-5132-1

Ⅰ. ①土… 　Ⅱ. ①刘… 　②徐… 　Ⅲ. ①软件工具-程序设计-应用-土木工程

Ⅳ. ①TU-39

中国国家版本馆 CIP 数据核字（2023）第 246218 号

土木工程 Python 程序设计基础
TUMU GONGCHENG Python CHENGXU SHEJI JICHU

责任编辑：谭文芳

出版发行：清 华 大 学 出 版 社　　邮编：100084　　电话：010-62776969　　http://www.tup.com.cn
　　　　　北京交通大学出版社　　邮编：100044　　电话：010-51686414　　http://www.bjtup.com.cn

印 刷 者：北京鑫海金澳胶印有限公司

经　　销：全国新华书店

开　　本：185 mm×260 mm　　印张：14.5　　字数：371 千字

版 印 次：2024 年 1 月第 1 版　　2024 年 1 月第 1 次印刷

定　　价：49.00 元

本书如有质量问题，请向北京交通大学出版社质监组反映。对您的意见和批评，我们表示欢迎和感谢。

投诉电话：010-51686043，51686008；传真：010-62225406；E-mail：press@ bjtu. edu. cn。

前　　言

Python 是目前人工智能领域常用的程序设计语言，获得了科技工作者的普遍认可，已经在土木工程领域得到了应用。

目前，土木工程领域与人工智能越来越紧密地结合在一起，逐步形成智能建造等新的工科专业，Python 程序设计是目前人工智能实现的基础语言。本书介绍 Python 程序设计基础及其在传统土木工程问题中的应用，对发展传统工科专业具有重要的实际意义。

本书基于 Python 3.10.9，以语言基础和应用作为编写主线，主要内容包括 Python 程序设计基础、sklearn 应用基础、keras 应用基础、Python 结构工程应用基础、Python 岩土工程应用基础，涵盖了目前 Python 的主要应用场景，尤其是 Python 在土木工程领域的一些应用（如机器学习算法及其实现、建筑物变形预测）。本书给出了大量算例，所有算例代码均以灰色底纹显示，并给出了较多注释。虽然书中给出了算例代码，但仍建议读者在学习语言基础部分时自己键入命令并尽量加入注释，这样可以达到事半功倍的效果。

本书由上海大学力学与工程科学学院土木工程系、计算机工程与科学学院的部分教师编写而成，其中，刘飞禹负责编写第 1 章和第 6 章，徐金明负责编写第 2 章、第 3 章、第 4 章，舒展负责编写第 5 章，谢江负责编写第 2 章的部分内容，徐淑亭、高晨博、胡婷、索楠、开创、徐昕负责编写书中理论基础和代码实现的部分内容，最后由刘飞禹、徐金明统稿。本书编写时参考了很多教学用书和网络资料，在此对相关作者一并感谢！北京交通大学出版社谭文芳编辑为本书的内容确定、格式编排与付印出版做了大量工作，作者致以特别的感谢。

本书理论阐述简要清晰，实例丰富，可作为高等学校理工科专业高年级本科生和研究生的教学用书，也可作为科研和工程技术人员的参考书籍，在教材使用过程中如有问题请使用电子邮箱 lfyzju@ shu. edu. cn 或 xjming@ shu. edu. cn 与作者联系。

作者

2023 年 8 月于上海

前　言

目　　录

第1章　Python 程序设计平台的安装

本章要点：

☑ 基本运行环境 Anaconda 的安装；

☑ 基本数学库和作图包的安装；

☑ 机器学习库的安装；

☑ pycharm 的安装。

1.1　基本运行环境 Anaconda 的安装

1989 年，荷兰人 Guido van Rossum 用他喜欢的一部电视剧 Monty Python's Flying Circus 设计了一门语言并将这门语言命名为 Python。1991 年，第 1 版基于 C 实现的 Python 编译器诞生。目前，Python 成为一种非常流行的程序设计语言。

Python 是一门解释型的高级编程语言。本书使用 Windows 10 系统（64 位）中 Anaconda 下的 Spyder，实现 Python 代码的编译与运行。

Anaconda 是开源的 Python 发行版本，将 Python 许多常用模块通过打包与安装直接使用，支持 Windows、Linux 和 macOS 系统，不仅可以做数据分析，而且在数学计算、数据可视化、深度学习等方面也都有涉及。

下面介绍 Windows 10 系统下 Anaconda 及主要模块的下载和安装方法。

1.1.1　Anaconda 的下载

打开官网 https://www.anaconda.com/download # downloads，单击 "64 - Bit Graphical Installer（786 MB）" 将文件 Anaconda3 - 2023.03 - 1 - Windows - x86_64.exe 下载到计算机（Windows 10 系统）的指定位置。

1.1.2　Anaconda 的安装

双击所下载的应用程序，出现安装界面（见图 1-1）。

在界面上单击 Next，进入下一界面（见图 1-2）。

在界面上单击 I Agree，进入下一界面（见图 1-3）。在界面上选择 All Useres（requires admin privileges），然后单击 Next，进入下一界面（见图 1-4）。

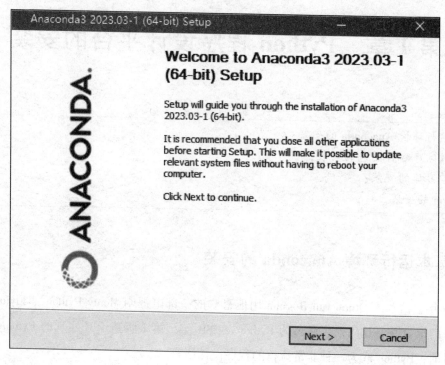

图 1-1　Anaconda 的安装—步骤 1

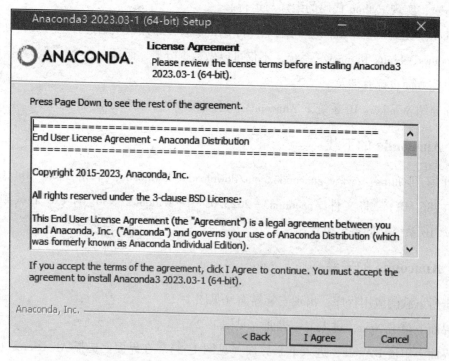

图 1-2　Anaconda 的安装—步骤 2

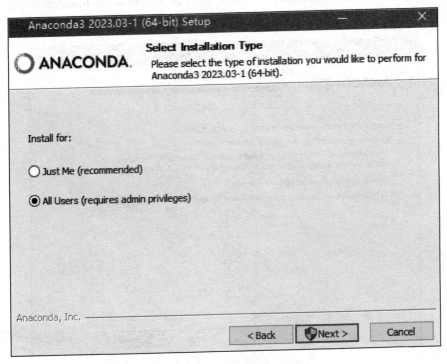

图 1-3　Anaconda 的安装—步骤 3

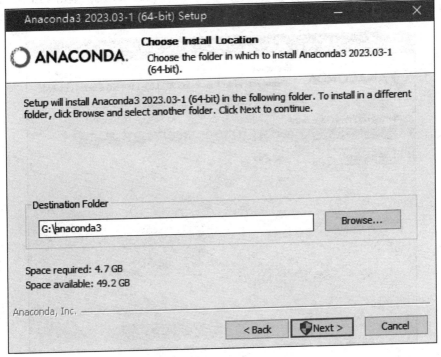

图 1-4　Anaconda 的安装—步骤 4

设置安装路径（如 G：\anaconda3），单击 Next 进入 Advanced Installation Options 界面（见图 1-5）。

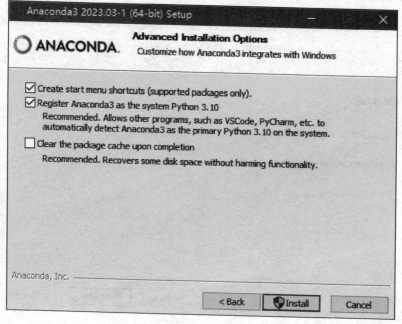

图 1-5　Anaconda 的安装—步骤 5

在界面默认选择为 Register Anaconda3 as the system Python 3.10，单击 Install，进入安装过程（见图 1-6）。

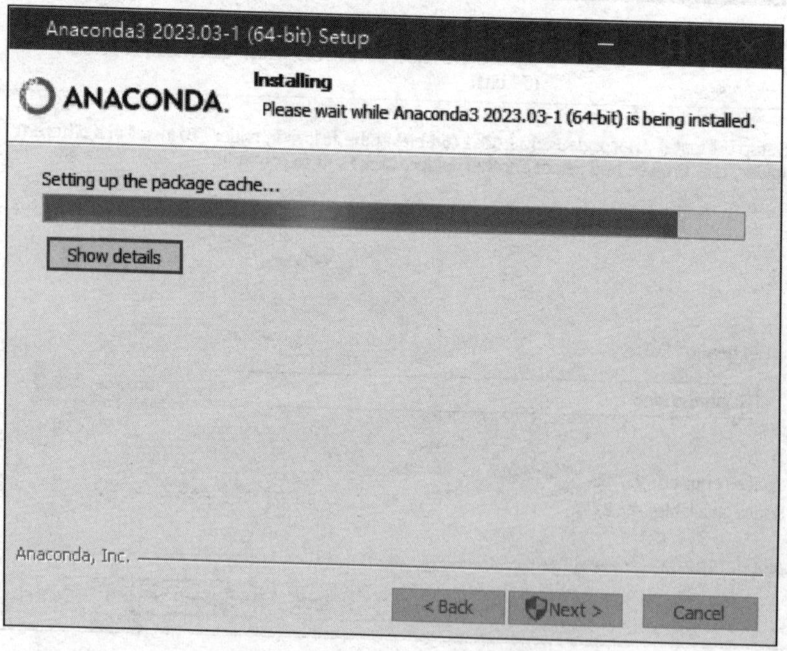

图 1-6　Anaconda 的安装—步骤 6

安装完成时，出现新界面（见图 1-7）。

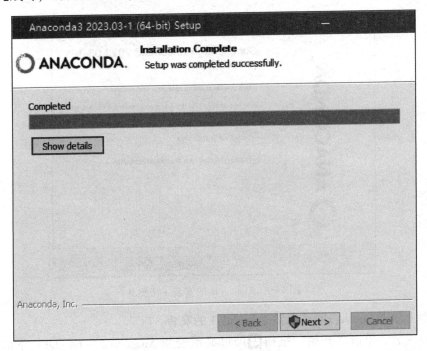

图 1-7　Anaconda 的安装—步骤 7

在界面上单击 Next，进入下一界面（见图 1-8）。

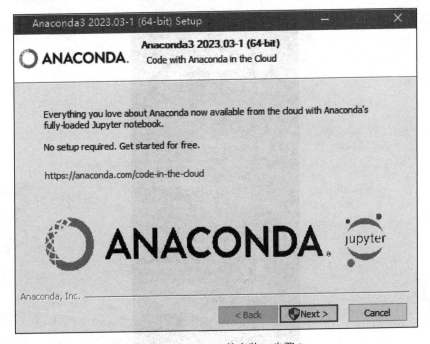

图 1-8　Anaconda 的安装—步骤 8

在界面上单击 Next，进入下一界面（见图 1-9）。

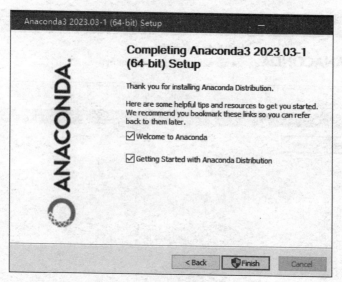

图 1-9　Anaconda 的安装—步骤 9

在界面上单击 Finish，即完成了 Anaconda3 的安装。

安装完成后，单击"开始"按钮⊞即可显示安装 Anaconda3（64-bit）下的 Anaconda Navigator（Anaconda3）、Anaconda Prompt（Anaconda3）、Spyder（Anaconda3）等模块，见图 1-10。本书安装依赖库将主要通过 Anaconda Prompt（Anaconda3）（简称 Prompt）来实现，编译与运行 Python 将主要通过 Spyder（Anaconda3）（简称 Spyder）来实现。

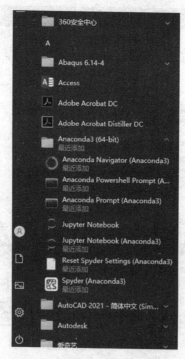

图 1-10　Anaconda 的主要模块

可以从 Navigator 中查看已经安装的模块（开始时选择更新、更新结束后选择 Laucher）；如果某一模块没有安装，可以通过搜索并选中相应模块，然后单击 Apply 进行安装。

平台更新时，单击 Prompt，输入命令 conda update anaconda 对 Anaconda 进行更新，输入命令 conda install spyder=5.3.3 对 Spyder 进行更新（这里的 5.3.3 是 Spyder 的版本）。

单击 Spyder，即可进入 Python 编程平台（见图 1-11）。

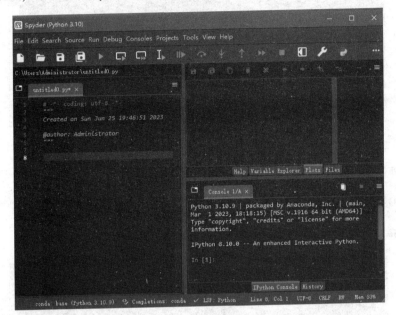

图 1-11　Spyder 编程平台

单击 Prompt 后执行命令 idle，可进入一个非常简洁的 Python 编程平台（见图 1-12）。

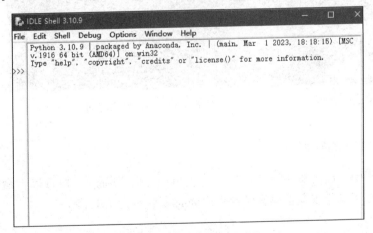

图 1-12　基于 idle Python 的编程平台

1.1.3　标准库的安装

单击 Prompt，输入以下语句：

```
conda config --add channels https://mirrors. tuna. tsinghua. edu. cn/anaconda/pkgs/free/
conda config --set show_channel_urls yes
```

即进入打开镜像网页（这里是清华镜像网页），见图 1-13。

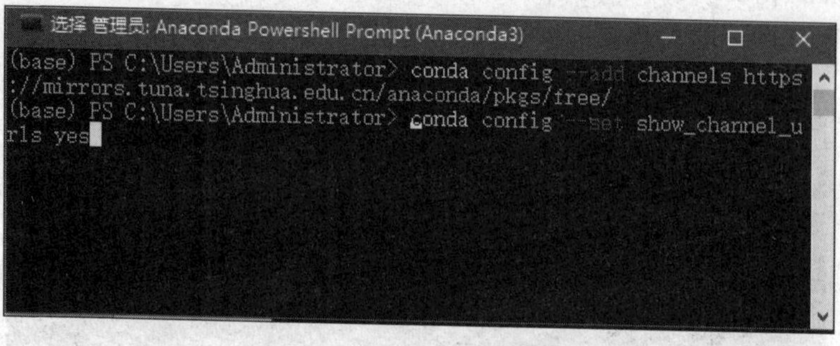

图 1-13　打开镜像网站

在安装标准库 libpython 时，单击 Prompt，输入以下语句：

```
conda install libpython
```

安装过程中键入 y 并回车，安装结束时显示界面如图 1-14 所示。

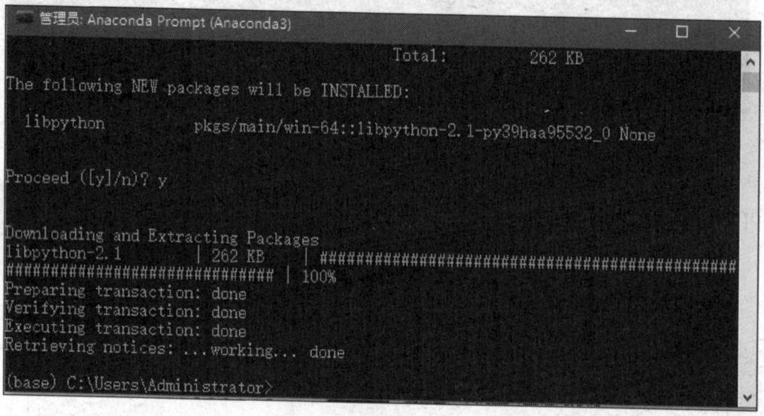

图 1-14　安装依赖库 libpython 结果界面

1.1.4　指定版本的安装

在编程过程中会出现版本不协调的情况，可以打开 Prompt，执行以下命令来实现指定版本的安装（以下指定安装的是数学计算库 numpy 版本为 1.19.2）：

```
conda install numpy == 1. 19. 2
```

1.2　基本数学库和作图包的安装

第 2 章中要用到数学计算库 numpy 和作图库 matplotlib，下面简要说明它们的安装方法。

1.2.1　数学计算库的安装

单击 Prompt，输入以下命令，即可安装数学计算库 numpy：

```
conda install numpy
```

1.2.2　作图库的安装

单击 Prompt，输入以下命令，即可安装基本作图库 matplotlib：

```
conda install matplotlib
```

1.3　机器学习库的安装

第 3 章和第 4 章主要是机器学习的实现，要用到 sklearn 库、keras 库、tensorflow 库，下面简要说明它们的安装方法。

1.3.1　sklearn 库的安装

单击 Prompt，依次输入以下命令：

```
pip install sklearn
```

更新 sklearn 时，通过以下命令来实现：

```
pip install -U scikit-learn
```

1.3.2　keras 库的安装

单击 Prompt，依次输入以下命令：

```
conda install keras
```

安装过程中键入 y 并回车。

1.3.3　tensorflow 的安装

安装 tensorflow 时，单击 Prompt，输入以下命令：

```
conda install tensorflow
```

安装过程中键入 y 并回车。即可完成 tensorflow 的安装。需要注意的是，安装 tensorflow 的时间很长。

如果安装结束时提示安装失败，可根据详细信息进行相应改进安装。对于问题 "RemoveError: 'pyopenssl' is a dependency of conda and cannot be removed from conda's operating environment"可通过以下方法解决。

打开 Prompt 命令，输入以下命令：

```
conda deactivate
conda install --force-reinstall conda
conda activate G:\Anaconda3
```

（G:\ProgramData\Anaconda3 为 Anaconda3 的安装目录。）

```
conda. exe install -p G:/Anaconda3 tensorflow -y
```

tesnorflow 安装成功，但如果运行相关代码时出现如下问题："This TensorFlow binary is optimized with oneAPI Deep Neural Network Library（oneDNN）to use the following CPU instructions in performance-critical operations：AVX2"，则增加如下代码以降低警告级别：

```
import os
os. environ['TF_CPP_MIN_LOG_LEVEL'] ='2'
```

tensorflow 中需要用到作图模块 graphviz，其安装方法如下：

```
pip install pydot
conda install graphviz
conda install python-graphviz(安装过程中选 y)
```

1.3.4　其他相关库的安装

Python 中使用机器学习时，还用到其他库，下面简要说明它们的安装方法。

单击 Prompt，输入以下命令：

```
pip install torch
conda install mingw pandas
conda install mingw theano(安装过程中选 y)
```

这些命令分别安装 torch 库、pandas 库、theano 库。

1.4　pycharm 的安装

Anaconda 安装（见 1.1.2 节）完成后，可以直接单击 Spyder 进行 Python 代码的编译与运行，也可以通过安装 pycharm，然后在 pycharm 平台上进行编译与运行。下面以 pycharm-community 为例，简述 pycharm 的下载和安装方法。

1.4.1　pycharm 的下载

下载 pycharm 时，打开网页：https://www.jetbrains.com/pycharm/download/#section = windows，选择"下载"，此后下载文件 pycharm-community-2023.1.3.exe。

1.4.2　pycharm 的安装

安装 pycharm 的步骤如下。

双击文件 pycharm-community-2023.1.3.exe，出现安装界面（见图 1-15）。

图 1-15　pycharm 的安装—步骤 1

单击 Next，双击文件进入下一界面（见图 1-16）。

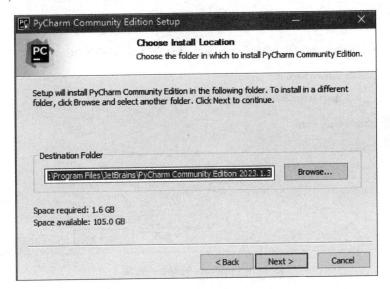

图 1-16　pycharm 的安装—步骤 2

在界面将安装目录改为 G:\PyCharmCommunityEdition，单击 Next，进入下一界面（见图 1-17）。

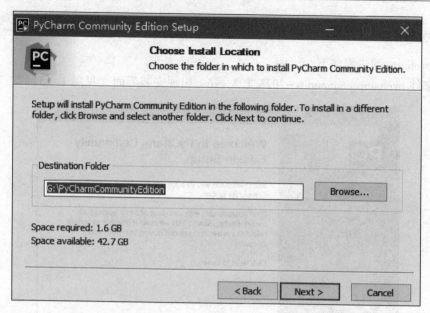

图 1-17　pycharm 的安装—步骤 3

单击 Next，进入下一界面（见图 1-18）。

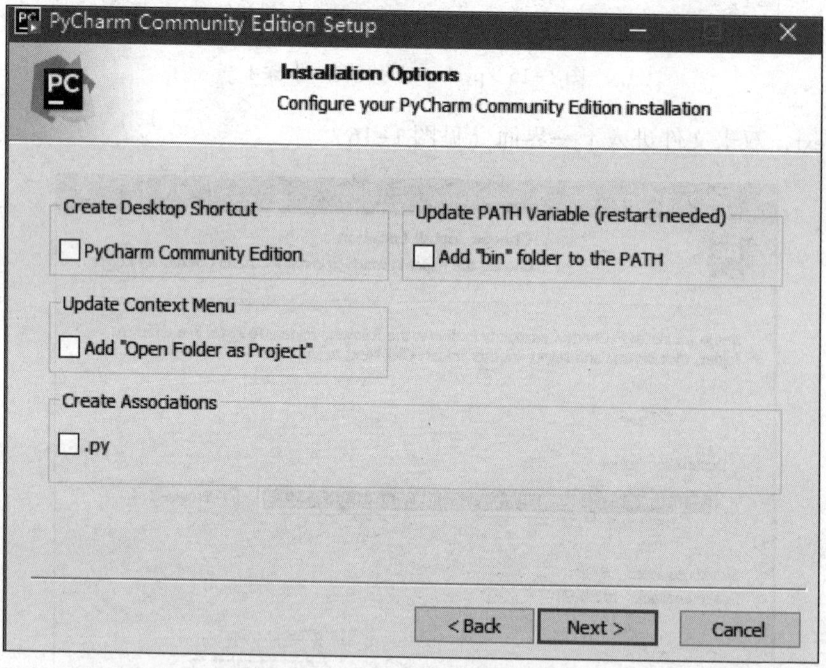

图 1-18　pycharm 的安装—步骤 4

单击 Next，进入下一界面（见图 1-19）。

单击 Install，进入安装过程，安装结束出现新界面（见图 1-20）。此时，单击 Finish 即可。

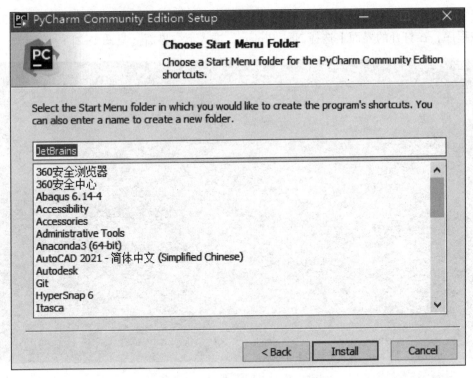

图 1-19　pycharm 的安装—步骤 5

图 1-20　pycharm 的安装—步骤 6

安装完成后，单击"开始"按钮⊞即可显示已经安装 pycharm-community-2023.1.3。单击该程序，在打开的界面上选择 New Project，进入下一界面（见图 1-21）。

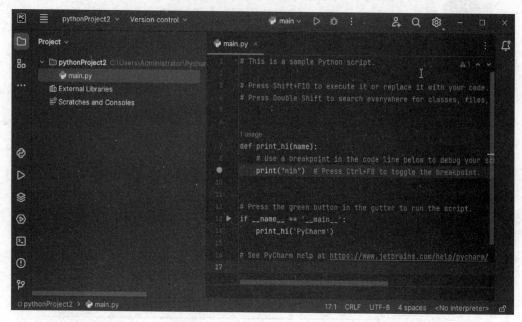

图 1-21　pycharm 程序设计平台

对于这一简单程序 Main. py（即显示字符串"你好"）直接运行（即单击右上角的按钮▷），会出现"Error Running'Main'"，这通常是 No Interpreter（没有编译器）。单击右下角的 No Interpreter，在其子窗口中单击 Add New Interpreter，出现新界面（见图 1-22）。此时选择 Sytem Interpreter：G:\anaconda3\python. exe（即前述安装成功的 Anaconda3 及其自带的python. exe），单击 OK 按钮。

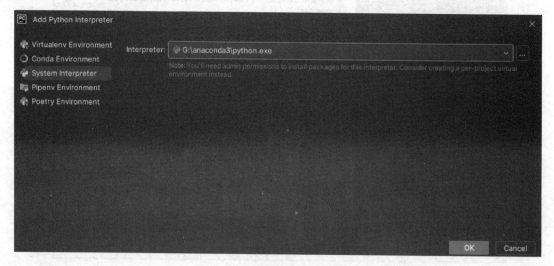

图 1-22　pycharm 编译器的设置

1.5　简例与帮助的使用

1.5.1　简例

下面以一简例说明 Spyder 中的代码实现。

[**例 1-1**] 使用 Python 实现数 4 和 sin(30°)相加、显示相加后的结果。

[**算例代码**]

打开 Spyder，输入如下代码（见图 1-23）：

```
#1. 配置基本环境                              #(1)
#coding:UTF-8                                #(2)
#2. 导入依赖库                                #(3)
import numpy as np                           #(4)
#3. 输入已知数据                              #(5)
a, b = 4, 30                                 #(6)
#4. 执行算法                                  #(7)
c = a+\                                      #(8)
    np.sin(b * 3.1415926/180),               #(9)
#5. 显示运行结果                              #(10)
print("b")                                   #(11)
print(c)                                     #(12)
```

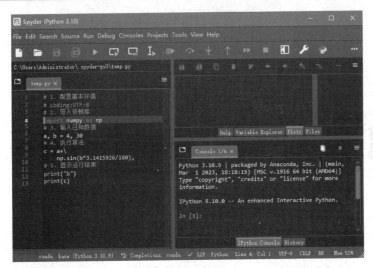

图 1-23　打开 Spyder 并输入例 1-1 的代码

[**代码解释**]

每行最后的 "#(2)"（2 为行号）只起标示行号的作用（后述各章将不再如此标示）。

#是行内注释，#之后的代码将不被执行；三个单撇号'''或者三个双撇号"""之间的是句子注释、这些句子将不被执行。

第（1）行：一行代码中#之后的字符均不执行，字符可以是任意形式（包括中文字符）。多行代码中两个'''和'''之间的代码是整段注释。

第（2）行：本句是使代码对中文兼容。

第（3）行：增加注释相应编号将有助于代码的理解。

第（4）行：这里必须导入数学计算库，因为后续需要计算 sin(30°)。

第（5）行：代码一般是开始导入数据，然后进行处理。

第（6）行：这里对 a 和 b 分别赋值 4 和 30，前后加一半角空格将使代码易于阅读。

第（7）行：执行某一算法通常是编程的核心内容。

第（8）行：这里 "\" 是表示回车后下一行将自动缩进。

第（9）行：np 表示调用数学计算库，b 是度，需要转换为弧度进行计算。

第（10）行：显示运行过程的中间结果和最后结果，有助于随时改正代码。

第（11）行：使用半角括号和引号，这里 b 只是字符、与前面的 b = 30 没有关系。

第（12）行：显示变量 c 的计算结果。

1.5.2 帮助的使用

经常使用帮助有助于不断提升编程能力。在 Python 中使用帮助的方法主要有以下几种：

① 打开网页 https://docs. python. org/3/，获得 Python 3 的在线帮助；

② 使用编程平台自带的敏感词帮助、右上角标签页的 Help、顶部的 Help 菜单；

③ 在代码窗口选中一行或多行 help 命令，比如 help（".input"）、help（"for"）、help（"keywords"），单击 F9 键（即右键选择 "Run selection or current line"），在窗口右下角将显示对应命令的说明。

习题 1

1. 简述 Spyder 编程平台各部分的名称。

2. 简述数学计算库和基本作图库的安装方法。

3. Python 是一种（　　）类型的编程语言。

A. 解释　　　　B. 编译　　　　C. 机器语言　　　　D. 汇编

第 2 章 Python 程序设计基础

本章要点:

☑ Python 的基本语法;

☑ Python 的文件操作与异常处理;

☑ Python 的科学计算;

☑ Python 的作图;

☑ Python 的图像处理;

☑ Python 的图形用户界面编程;

☑ Python 的可执行文件制作;

☑ Python 网络编程。

2.1 Python 的基本语法

2.1.1 基本数据类型

变量是存储在内存中的值,在创建变量时会在内存中开辟一个空间,解释器会分配指定内存决定什么数据可以被存储在内存中。因此,变量可以指定不同的数据类型。

变量赋值时的主要信息包括标识、名称和具体数据:等号(=)用来给变量赋值;左边是一个变量名,右边是存储在变量中的值;Python 可以为多个变量同时赋值。在 Python 程序中,变量是否可以访问决定于这个变量的赋值位置。

变量作用域包括全局变量作用域和局部变量作用域。定义在函数内部的变量拥有局部作用域,定义在函数外的拥有全局作用域;局部变量只能在其被声明的函数内部访问,全局变量可以在整个程序范围内访问;调用函数时,在函数内声明的所有变量名称都将被加入到作用域中。

Python 数据类型不需要声明,最基本的数据类型有数字、布尔值和字符串。

数字:用于存储数值,是不可改变的数据类型。Python 支持的数字类型有 int(整数型)、float(浮点型)、complex(复数)。Python 指定一个值时,数字对象就会被创建,比如,命令 var1 = 1 创建了一个数字对象 var1。可以使用 del 语句删除一个或多个数字对象的引用,比如命令 del var1 和 del var_a, var_b, var_c 分别删除了一个数字对象(var1)和 3 个数字对象 var_a、var_b 和 var_c。

布尔值:即 TRUE 和 FALSE,常用于逻辑判断。

字符串:是由数字、字母、下划线组成的一串字符,一般写为 "s = "a1a2…an"",是表示文本的数据类型。字符串列表有 2 种取值顺序,分别为从左到右(索引默认为 0,1,

2，…）、从右到左（索引默认-1，-2，-3，…）。使用[头下标:尾下标]来截字符串中的一段，比如，s = 'abcdef'时 s[1:5]='bcde'（注意，使用冒号取值时结果不包括尾下标对应的 s[5]）。编制代码时，还可以加号（+）进行字符串连接运算、使用星号（*）进行重复操作。

下面是变量赋值、显示、引用的几个例子。

[例 2-1]　编制 Python 命令，将 100、1000.0 和"John"分别赋值给变量 counter、miles 和 name，将 a、b、c 同时分别赋值 1.0、2.0 和"John"。

[算例代码]

```
#-*- coding: utf-8 -*-
counter = 100          #赋值整型变量
miles = 1000.0         #浮点型
name = "John"          #字符串
a, b, c = 1.0, 2.0, "John" #将 a、b、c 分别赋值浮点型数值 1.0、2.0 和字符串"John"
print(counter)
print(miles)
print(name)
print(a,b,c)
```

[运行结果]

```
100
1000.0
John
1.0 2.0 John
```

[简要说明]

4 条等号命令，将 100、1000.0 和"John"分别赋值给变量 counter、miles 和 name，将 a、b、c 同时赋值 1.0；4 条 print 命令将这些赋值依次显示出来。

[例 2-2]　编制 Python 命令，显示全部字符串'Hello!'，取其中的第 3~4 个字符、全部字符重复 2 次、全部字符与字符 TEST 相连接。

[算例代码]

```
#-*- coding: utf-8 -*-
str = 'Hello!'
print(str)             #显示完整字符串
print(str[2:4])        #显示字符串中第 3~4 个字符
print(str[2:])         #显示从第 3 个字符开始的字符串
print(str*2)           #显示字符串 2 次
print(str + "TEST")    #显示"Hello!TEST"
```

[运行结果]

```
Hello!
ll
```

```
llo!
Hello!Hello!
Hello!TEST
```

[简要说明]

对象 str[0:4]若写为 str[0:4:2]则表示取第 1 个、以步长 2 取到序号为（0+[4-0]）的字符（即 Hl)。

[例 2-3] 使用 Python 举一简例进行赋值并分别显示其基本数据类型（整型、浮点数、布尔值和字符串）。

[算例代码]

```
#coding:UTF-8
a = 1; print(a)              #整数
b = 1.2; print(b)           #浮点数
c = True; print(c)          #布尔类型
d = "False"; print(d)       #字符串
```

[运行结果] 实际运行结果是 4 行，为便于阅读这里压缩为 1 行（后同）。

```
1       1.2      True      False
```

[例 2-4] 使用 Python 举一简例实现变量的输入、显示、引用。

[算例代码]

```
#coding:UTF-8
a = 2
b = 2.3
a + b                       #2 + 2.3 = 4.3
d = 'Hello'
d =d + ' world!';           #字符串拼接
print(d)
a = True
b = False
e =a and b;                 #False
a or b                      #True
not a                       #False
```

[运行结果]

```
Hello world!
```

[例 2-5] 使用 Python 举一简例实现字符串的输入、显示、引用。

[算例代码]

```
#coding:UTF-8
a = 'Life is short, you need Python'
```

```
a. lower( )                    #'life is short, you need Python'
a. upper( )                    #'LIFE IS SHORT, YOU NEED PYTHON'
print(a)
a. count('i')                  #2
a. find('e')                   #从左向右查找'e'=>3
a. replace('you', 'I')         #'Life is short, I need Python'
tokens = a. split( )           #['Life', 'is', 'short,', 'you', 'need', 'Python']
a = 'I'm like a {} chasing {}.'
a. format('dog', 'cars')       #按顺序格式化字符串, 'I'm like a dog chasing cars.'
```

[运行结果]

```
Life is short, you need Python
```

2.1.2 容器

1. 列表

列表用方括号 [ ] 标识,支持字符、数字、字符串、列表(即形成嵌套列表)。列表切割用[头下标:尾下标]来截取(从左到右索引默认 0 开始、从右到左索引默认 -1 开始、下标为空时表示头或尾)。与字符串类似,在列表运算时加号 (+) 是列表连接运算、星号 (*) 是重复操作。

列表的基本操作有访问、增加、删除、拼接。Python 没有内置对数组的支持,但可以使用列表代替。

下面两个例子将用 Python 实现列表创建和显示等基本操作。

[例 2-6] 举例说明列表 a = [1, 2, 3, 4]的创建及其基本操作(访问、增加、删除、拼接)。

[算例代码]

```
#coding:UTF-8
a = [1, 2, 3, 4]               #创建列表
a. pop( )                      #把最后一个值 4 从列表中移除并作为 pop 的返回值
a. append(5)                   #末尾插入值 => [1, 2, 3, 5]
a. index(2)                    #找到第一个 2 所在的位置 =>1
a[2]                           #取下标(即位置在 2 的值、也就是第三个值 3)
a += [4, 3, 2]                 #拼接, [1, 2, 3, 5, 4, 3, 2]
a. insert(1, 0)                #在下标为 1 处插入元素 0, [1, 0, 2, 3, 5, 4, 3, 2]
a. remove(2)                   #移除第一个 2, [1, 0, 3, 5, 4, 3, 2]
a. reverse( )                  #倒序, a 变为[2, 3, 4, 5, 3, 0, 1]
a[3] = 9                       #指定下标处赋值, [2, 3, 4, 9, 3, 0, 1]
b = a[2:5]                     #取下标 2 开始到 5 之前的子序列, [4, 9, 3]
d = a[2:]                      #取下标 2 开始到结尾的子序列, [4, 9, 3, 0, 1]
```

```
e = a[:5]                        #取开始到下标5之前的子序列,[2,3,4,9,3]
a. sort( )                       #列表内排序,a变为[0,1,1,2,2,3,3]
print(a)
import random
a = range(10)                    #生成一个列表,从0开始+1递增到9
print(a)                         #[0,1,2,3,4,5,6,7,8,9]
b = sorted(a)
print(b)                         #[0,1,2,3,4,5,6,7,8,9]
c = sorted(a, reverse=True)
print(c)                         #[9,8,7,6,5,4,3,2,1,0]
```

[例 2-7] 编制 Python 命令,创建列表 list1 = ['good', 123, 2.34, 'job'] 和 list2 = [234, 'john'],显示第 1 个列表,分别显示第 1 个列表的第 1 个、第 2~3 个、第 3 个之后的元素,显示第 2 个列表两次,显示列表 1 和列表 2 的连接。

[算例代码]

```
#-*- coding: utf-8 -*-
list1 = ['good', 123, 2.34, 'job']
list2 = [234, 'john']
print(list1)                     #显示完整列表
print(list1[0])                  #显示列表的第1个元素
print(list1[1:3])                #显示第2~3个元素
print(list1[2:])                 #显示第3个到末尾的所有元素
print(list2*2)                   #显示列表两次
print(list1+list2)               #显示列表连接的结果
```

[运行结果]

```
['good', 123, 2.34, 'job']
good
[123, 2.34]
[2.34, 'job']
[234, 'john', 234, 'john']
['good', 123, 2.34, 'job', 234, 'john']
```

2. 元组

元组用圆括号 ( ) 标识,不能二次赋值,其他使用方式类似于列表(相当于只读列表)。元组和列表相似,但不可变,在元素后加上逗号。直接用逗号分隔多个元素赋值默认时使用命令 tuple。

[例 2-8] 举例说明元组的创建及其显示。

[算例代码]

```
#coding:UTF-8
a = (1, 2)
```

```
b = tuple(['3', 4])                #也可以从列表初始化
print(b)
```

[**例 2-9**] 编制 Python 命令，创建元组 tuple1 = ('good', 123, 2.34, 'job') 和 tuple2 = (234, 'john')，显示第 1 个元组，显示第 1 个元组的第 1 个、第 2~3 个、第 3 个之后的元素，显示第 2 个元组两次，显示元组 1 和元组 2 的连接。

[**算例代码**]

```
#- * - coding：utf-8 - * -
tuple1 = ('good', 123, 2.34, 'job')
tuple2 = (234, 'john')
print(tuple1)                #显示完整元组
print(tuple1[0])            #显示元组的第 1 个元素
print(tuple1[1:3])          #显示元组 1 的第 2~3 个元素
print(tuple1[2:])           #显示元组 1 中第 3 个到末尾的所有元素
print(tuple2 * 2)           #显示元组两次
print(tuple1 + tuple2)      #显示元组连接的结果
```

[**运行结果**]

```
('good', 123, 2.34, 'job')
good
(123, 2.34)
(2.34, 'job')
(234, 'john', 234, 'john')
('good', 123, 2.34, 'job', 234, 'john')
```

3. 字典

字典用 "{ }" 标识，是无序的对象集合，由索引(key)和对应的值(value)组成。字典中的元素通过键来存取，而不是通过偏移来存取（这与元组不同）。索引不能重复，且一个索引不能对应多个值，而多个索引键可以指向一个值。

下面是字典构建与常见操作 Python 实现的例子。

[**例 2-10**] 举例构建一个名字+年龄的字典，并执行一些常见操作。

[**算例代码**]

```
#coding：UTF-8
a = {'Tom': 8, 'Jerry': 7}
print(a['Tom'])             # =>8
b = dict(Tom=8, Jerry=7)    #字符串作为键的初始化方式
print(b['Tom'])             # =>8
if 'Jerry' in a:            # =>判断'Jerry'是否在 keys 里面
    print(a['Jerry'])       # =>7
```

[例 2-11]　编制 Python 命令，创建姓名分别为"张三"和"李四"、年龄分别为 25 和 26 的字典 dict1，显示该字典，显示索引为"Name"的全部值及其第 1 个值，显示全部的索引与所有的对应值。

[算例代码]

```
#-*-coding:utf-8-*-
dict1 = {'Name':('张三','李四'),'Age':(25,26)}
print(dict1)               #显示完整字典 1
N1 = dict1['Name']
print(N1)                  #显示字典 1 关键字 Name 对应的值
print(N1[0])               #显示字典 1 关键字 Name 对应的第 1 个值
print(dict1.keys())        #输出所有键
print(dict1.values())      #输出所有值
```

[运行结果]

```
{'Name': ('张三', '李四'), 'Age': (25, 26)}
('张三', '李四')
张三
dict_keys(['Name', 'Age'])
dict_values([('张三', '李四'), (25, 26)])
```

4. 集合

集合用命令 set 来实现，使用与数学类似的符号（|、-）来实现集合的操作（并、差等）。

[例 2-12]　举例说明集合的创建及其显示。

[算例代码]

```
#coding:UTF-8
A = set([1,2,3,4]); B = {3,4,5,6}; C = set([1,1,2,2,2,3,3,3,3])
print(C)          #集合的去重效果 => set([1,2,3])
print(A | B)      #求并集,=> set([1,2,3,4,5,6])
print(A & B)      #求交集,=> set([3,4])
print(A - B)      #求差集,属于 A 但不属于 B 的,=> set([1,2])
print(B - A)      #求差集,属于 B 但不属于 A 的,=> set([5,6])
print(A ^ B)      #求对称差集,相当于(A-B)|(B-A),=> set([1,2,5,6])
```

2.1.3　Python 中的变量类型转换

在代码编制过程中，经常会碰到变量类型转换问题。在 Python 中，可以使用命令 int(x)、float(x)、str(x)将 x 强制转换为整型、浮点型、字符串。Python 中的变量类型转换命令还有 complex(x)（创建一个复数）、tuple(s)（转换为一个元组）、list(s)（转换为一个列表）、set(s)（转换为可变集合）等。

[例 2-13] 编制 Python 命令, 将字符串 "12.2" 转换为浮点型数值, 计算 12.2+15.6 的结果, 将计算结果显示为 "加法计算结果是 27.8"。

[算例代码]

```
#-*-coding: utf-8-*-
str = 12.2                      #字符串 str
F1 = float(str)                 #将字符串转换为浮点型数
F2 = F1+15.6                    #将两个浮点型数相加
print('加法计算结果是 %.1f' % F2)     #取 1 位小数显示浮点型数的计算结果
```

[运行结果]

```
加法计算结果是 27.8
```

2.1.4 Python 中的分支和循环

1. for 循环

for 循环的语法格式是 (其中代码块必须缩进 4 个空格、编程时通常自动缩进):

```
for 变量名 in 可迭代对象:        #可迭代对象可以是字符串\列表\字典\元组\集合
    代码块
```

[例 2-14] 使用 for 循环, 依次输出 0 到 9。

[算例代码]

```
#coding:UTF-8
for i in range(10):
    print(i)                    #每个 for 循环中 print 都要缩进
#如果要显示对应下标, 可以用 enumerate:
names = ["Rick", "Daryl", "Glenn"]
for i, name in enumerate(names):
    print(i, name)              #依次输出下标和名字
```

2. if 和分支结构

Python 的条件控制语句 (条件语句) 通常使用分支结构, 对应的关键字是 if…elif…else (elif = else if), 语法格式分别如下 (其中代码块必须缩进 4 个空格、编程时通常自动缩进)。

(1) 单分支结构

```
if 条件表达式:
    代码块
```

执行流程是: 如果 if 后面的条件表达式成立, 则执行代码块; 否则不执行代码块。

（2）双分支结构

```
    if 条件表达式：
        代码块 1
    else：
        代码块 2
```

执行流程是：如果条件表达式成立，则执行代码块 1，否则执行代码块 2。

（3）多分支结构

```
    if 条件表达式 1：
        代码块 1
    elif 条件表达式 2：
        代码块 2
    else：
        代码块 3
```

执行流程是：如果条件表达式 1 成立，则执行代码块 1、不再执行 elif 之后的代码；如果条件表达式 1 不成立、条件表达式 2 成立，则执行代码块 2；如果条件表达式 1 和 2 都不成立，执行代码块 3。

根据这一语法形式，很容易理解下面分支结构的执行流程：

```
    if 条件表达式 1：
        代码块 1
    elif 条件表达式 2：
        代码块 2
    elif 条件表达式 3：
        代码块 3
    …
    else：
        代码块 n
```

需要注意的是，每个条件语句和 else 后面都要使用半角冒号 "："，使用缩进来划分语句块、相同缩进数的语句在一起组成一个语句块。

［例 2-15］ 使用 if…elif…else 结构，根据不同宠物（'dog', 'cat', 'droid', 'fly'）给出不同的食品（'steak','milk','oil','shot'）。

［算例代码］

```
#coding：UTF-8
pets = ['dog', 'cat', 'droid', 'fly']
for pet in pets：
    if pet == 'dog'：        #狗
        food = 'steak'       #牛排
```

```
        elif pet = = 'cat':          #猫
            food = 'milk'            #牛奶
        elif pet = = 'droid':        #机器人
            food = 'oil'             #机油
        elif pet = = 'fly':          #苍蝇
            food = 'shot'            #炮弹
        else:
            pass
        print(food)
```

其中，pass 是个空语句，什么也不做，只起占位作用；elif 等同于 else if。

此外，"if -1 < x < 1:" 等同于 "if x > -1 and x < 1:"，"if x in ['piano', 'violin', 'drum']:" 等同于 "if x = = 'piano' or x = = 'violin' or x = ='drum':"。

3. while 循环

while 是循环和 if 的综合体，是单纯基于条件的循环，语法格式如下：

```
while 条件表达式:
    代码块
```

执行流程为：条件表达式成立时，执行代码块；执行完毕后再重新判断条件表达式，若条件表达式仍成立，则继续执行代码块；如此循环执行，直到条件表达式不成立。

需要注意的是，使用 while 循环时要存在条件表达式不成立的情况，否则这个循环将成为一个死循环。

[例 2-16] 使用 while 编制一个代码段，显示 1~100 之间的所有数字。

[算例代码]

```
#- * - coding: utf-8 - * -
num = 1
while num < 101:
print("num=", num)
#迭代语句
num += 1
print("循环结束!")
```

2.1.5 Python 中的函数、生成器和类

函数是可重复使用的代码段，用于提高模块化编程。print()等是内部函数，用户可以自己创建函数（自定义函数）。

1. 函数

（1）函数的定义

编制自定义函数时，需要遵守以下规则：①第一行执行语句以关键词 def 开头，后接函数标识符名称和圆括号()，以冒号结束；②参数放在圆括号中间，多个参数以逗号分开；③具体

代码进行缩进处理；④可以用"return［表达式］"结束函数、返回一个值，也可以没有"return［表达式］"或者"return None"，这时不返回值而只执行代码块操作。

下面是编制自定义函数的一个例子。

［**例 2-17**］ 使用 Python 编制一个自定义函数，实现传入参数为一字符串时显示该字符串的功能。

［**算例代码**］

```
#-*- coding: utf-8 -*-
def printme（str）：              #开始编制函数 printme
     print（str）                 #显示传入的字符串
     return                      #结束编制函数 printme，不返回值
```

（2）函数的调用

Python 函数调用的核心是参数传递，这是一个"虚""实"结合的过程。Python 函数的参数传递能包括不可变类型（如字符串、浮点数、元组）和可变类型（如列表、字典）对象的传递。

函数调用时，函数中的参数类型主要包括必备参数、关键字参数、默认参数、不定长参数。

① 对于必备参数，调用时参数顺序与声明时必须一致。

② 对于关键字参数，使用关键字参数来确定传入的参数，允许调用时参数顺序与声明时不一致。

③ 对于默认参数，如果调用函数时默认参数的值没有被传入，则被认为是默认值，如果调用函数时默认参数的值被传入，则参数值使用传入值。

④ 对于不定长参数，声明时不会命名，使用加星号（*）的变量名来存放所有未命名的变量参数，调用函数时可以处理更多的参数。

下面几例将实现相关自定义函数的编制与调用。

［**例 2-18**］ 编制一个计算两个数和的 Python 函数，编制后再调用这一函数，计算 8 和 7 的和。

［**算例代码**］

```
#-*- coding: utf-8 -*-
def func（a,b）：
     return a + b
s = func（8,7）
print（"结果是：", s）
```

［**运行结果**］

```
结果是： 15
```

［**例 2-19**］ 编写函数，根据键盘输入的长、宽、高之值计算长方体体积。

[算例代码]

```
#-*-coding: utf-8-*-
#定义函数名称，函数名称应能够尽量完成对此函数的功能描述
def rectangular_volume():
    rectangular_length = int(input("请输入长方体的长:"))    #提示用户输入长方体的长
    rectangular_width = int(input("请输入长方体的宽:"))     #提示用户输入长方体的宽
    rectangular_height = int(input("请输入长方体的高:"))    #提示用户输入长方体的高
    #计算长方体的体积
    rectangular_volume_true = rectangular_height * rectangular_width * rectangular_length
    #显示计算出的长方体体积
    print("长方体的体积为:", rectangular_volume_true)
#运行能够运用以上函数功能的主函数
if __name__ == '__main__':
    rectangular_volume()
```

[运行结果]

```
请输入长方体的长:1
请输入长方体的宽:2
请输入长方体的高:3
长方体的体积为: 6
```

[例2-20] 编制一个 Python 函数，关键字分别为 name 和 age，在屏幕上显示 name 和 age；调用时，根据 25 岁张三的情况，在屏幕上显示张三的年龄是 25 岁。

[算例代码]

```
#-*-coding: utf-8-*-
def printinfo(name, age):
    print(name+"的年龄是:"+str(age))
    return
#调用 printinfo 函数
name="张三"
age=25
printinfo(name,age)
```

[运行结果]

```
张三的年龄是:25
```

[例2-21] 编制一个 Python 函数，关键字分别为 name 和 age，age 的默认值是 25；调用时，根据 25 岁张三和 26 岁李四的情况，在屏幕上分别显示张三的年龄是 25 岁，李四的年龄是 26 岁。

[**算例代码**]

```
#-*- coding: utf-8 -*-
def printinfo(name, age=25):
    print(name+"的年龄是:"+str(age))
    return
#调用 printinfo 函数
name1="张三"
printinfo(name1)
name2="李四"
age=26
printinfo(name2,age)
```

[**运行结果**]

```
张三的年龄是:25
李四的年龄是:26
```

[**例 2-22**] 编制一个 Python 函数，关键字分别为 name 和 ages，其中 ages 为不定长参数；调用时，根据人员年龄是 25、26、27 岁的情况，在屏幕上显示"所有人员的年龄是：25、26、27"。

[**算例代码**]

```
#-*- coding: utf-8 -*-
def printinfo(names, *ages):
    print(names+"的年龄是:")
    for names in ages:
        print(ages)
    return
#调用 printinfo 函数
name1="所有人员"
ages1=[25,26,27]
printinfo(name1,ages1)
```

[**运行结果**]

```
所有人员的年龄是:
([25, 26, 27],)
```

[**例 2-23**] 定义一个函数 create_a_list，默认参数是 x，y，z、后二者初始参数分别是 2 和 3，调用此函数则返回值 x，y，z。

[**算例代码**]

```
#coding:UTF-8
#定义函数
```

```
def create_a_list(x, y=2, z=3):        #默认参数项必须放后面
    return [x, y, z]
#函数调用
b = create_a_list(1); print(b)          # => [1, 2, 3]
c = create_a_list(3, 3); print(c)       # => [3, 3, 3]
d = create_a_list(6, 7, 8); print(d)    # => [6, 7, 8]
```

上述代码中，括号里面定义参数，参数可以有默认值，默认值不能在无默认值参数之前，返回值用 return 定义。

（3）匿名函数

Python 使用 lambda 来创建匿名函数：lambda 只是一个表达式，而不是一个代码块；lambda 函数拥有自己的命名空间，不能访问自有参数列表之外的参数；lambda 函数只包含一个语句，形式为 lambda [arg1 [,arg2,...argn]]: expression。

[例 2-24] 使用 Python 中的匿名函数，计算两个数 1 与 2 的和。

[算例代码]

```
#-*- coding: utf-8 -*-
sum = lambda arg1, arg2: arg1 + arg2    #调用 sum 函数
Re = sum(1, 2)
print("相加后的值为：")
print(Re)
```

[运行结果]

```
相加后的值为：
3
```

2. 生成器（Generator）

生成器形式上和函数很像，只是把 return 换成了 yield。每次调用时都会执行到 yield 并返回值，同时将当前状态保存，等待下次执行到 yield 再继续。生成器可以通过 next() 函数返回下一个值。

[例 2-25] 使用生成器显示小于 100 的斐波那契数（后一项是前两项之和的数列）。

[算例代码]

```
#coding:UTF-8
#编制生成斐波那契数的函数
def fibonacci(n):
    a = 0
    b = 1
    while b < n:
        yield b
        a, b = b, a + b
```

```
#生成 100 以内的斐波那契数
for x in fibonacci(100):
    print(x)
```

3. 类

（1）类的定义

创建类时，用变量形式表示的对象属性称为数据成员或属性（成员变量），用函数形式表示的对象行为称为成员函数（成员方法），成员属性和成员方法统称为类的成员。Python 中具有相同属性和方法的对象归为一个类（class）：

```
class 类名：
    属性(成员变量)
    成员函数(成员方法)
```

Python 中创建类时使用的关键字是 class。所有类都有一个名为 __init__() 的函数，始终在启动类时执行。使用 __init__() 函数将值赋给对象属性，对象中的方法属于该对象的函数。

[例 2-26] 创建一个 Person 类，并定义初始化函数"__init__"和显示姓名的函数 myfunc。

[算例代码]

```
#-*-coding:utf-8-*-
class PersonClass:
    def __init__(self,name,age):
        self. name = name
        self. age = age
    def myfunc(self):
        print('Hello my name is' + self. name)
```

[运行结果]

```
(不出现任何结果，因为只是定义了类及其属性(name self,name,age)和函数(即方法 myfunc)，并没有对该类及其属性和方法进行调用。)
```

（2）类的调用

Python 中，创建类之后，可以在同一个文件中直接调用，也可以在不同文件中调用。对于后一种情况，需要使用"from import"命令。

下面的例子将实现类的创建与调用。

[例 2-27] 创建一个 Person 类，定义初始化函数"__init__"和显示姓名的函数 myfunc。同时在同一个文件中实现函数 myfunc 的调用、显示"我的名字是张三"。

[算例代码]

```
#-*-coding:utf-8-*-
class PersonClass:
```

```
        def __init__(self,name,age):
            self. name = name
            self. age = age
        def myfunc1(self):
            print('我的名字是' + self. name)
        def myfunc2(self):
            print('我的年龄是' + str(self. age))
    name1 = '张三'
    age1 = 25
    p1 = PersonClass(name1, age1)
    p1. myfunc1()
    p1. myfunc2()
```

［运行结果］

我的名字是张三

［例 2-28］ 创建一个 Person 类，定义初始化函数 "__init__" 和显示姓名的函数 myfunc，将该文件另存为 E:\TumuPy\C02_01. py。

［算例代码］

```
#将下列代码另存为文件"E:\TumuPy\C02_01. py"
#-*- coding: utf-8 -*-
class PersonClass:
        def __init__(self,name,age):
            self. name = name
            self. age = age
        def myfunc1(self):
            print('我的名字是' + self. name)
        def myfunc2(self):
            print('我的年龄是' + str(self. age))
```

［例 2-29］ 采用 "from import" 方式（调用类中方法）实现 Person 类中函数 myfunc（已存在于文件 "E:\TumuPy\C02_01. py"）的调用、显示 "我的名字是张三" "我的年龄是 25"。

［算例代码］

```
#-*- coding: utf-8 -*-
import sys
sys. path. append(r"E:\TumuPy\C02_01. py")
from Person import *  #调用指定模块"E:\TumuPy\C02_01. py"
name1 = '张三'
age1 = 25
```

```
p1 = PersonClass(name1, age1)
p1. myfunc1( )
p1. myfunc2( )
```

[运行结果]

```
我的名字是张三
我的年龄是 25
```

（3）类中的方法

Python 中创建类之后，可以根据变量在类中定义多个函数，这些变量和函数可分别称为"属性"和"方法"。

Python 类中的属性和其他语言类似，但对 protected 和 private 没有明确限制，通常用单下划线开头的表示 protected，用双下划线开头的表示 private。

Python 类中的方法，通常有以下几种。

① 普通方法：直接用 self 调用的方法。

② 私有方法：_函数名，只能在类中被调用的方法。

③ 属性方法：@property，将方法伪装成为属性。

④ 特殊方法：使用双下划线（如__init__），用来封装实例化对象的属性。

⑤ 类方法：通过类名用来操作公共模板中的属性和方法。

⑥ 静态方法：独立于类、不传入类空间和对象的方法。

Python 类中的方法可通过"对象 . 方法名( )"的方式实现类的外部调用，调用时参数列表中不包括 self。

[例 2-30] 使建立一个类 A，初始变量是 x、y、name，成员函数是 introduce（显示 name）和 norm（计算 x ＊＊ 2 + self. y ＊＊ 2），进而根据 x = 11、y = 11、name = 'Leonardo'调用该类与相关的成员函数。

[算例代码]

```
# coding:UTF-8
# 创建类 A
class A:
    """Class A"""
    def __init__(self, x, y, name):
        self. x = x
        self. y = y
        self. _name = name
    def introduce(self):
        print(self. _name)
    def __cal_norm(self):
        return self. x ＊＊ 2 + self. y ＊＊ 2
# 调用类 A 与相关成员函数
```

```
a = A(11, 11, 'Leonardo')
print(A. __doc__)                   # " Class A"
a. introduce( )                     # " Leonardo"
```

上述代码中，类名字下一行的字符串叫 docstring（即两个""""中间的字符串），为类的描述，通过"类名. __doc__"访问；类的初始化使用__init__(self,)，所有成员变量都是以 self. 开头，单下划线开头的变量可以直接访问，双下划线开头的变量可以通过前边加上"_类名"的方式访问。

4. 包、模块和库

（1）包

将多个模块文件（py 文件）集合在一起、形成包（即包目录）；包目录下第一个文件是 __init__. py，然后是一些模块文件和子目录；如果子目录中也有__init__. py，则这个子目录是上级包的子包。

包的结构如下：

```
package_a
    init. py
    module_a1. py
    module_a2. py
```

（2）模块

模块就是 py 文件，需要时可以导入，在文件中定义了一些函数和变量。import 是利用 Python 中各种强大库的基础。

[**例 2-31**] 使用数学库计算 $\cos(\pi)$。

[**算例代码**]

```
# coding:UTF-8
from math import *
print(cos(pi))
```

[**运行结果**]

```
-1. 0
```

（3）库

库是具有相关功能模块的集合，分为标准库、第三方库以及自定义模块。标准库是 Python 里自带的模块，第三方库是由第三方机构发布的、具有特定功能的模块（使用 import 等方式调用时需要预先安装），自定义模块是用户自己可以编写的模块。

2.1.6　正则表达式

1. Python 正则表达式基础

正则表达式用描述性语言给字符串定义一个规则。凡是符合规则的字符串，就认为它

"匹配"了；否则，就认为该字符串不合法。这里"规则"就是元字符的含义，见表 2-1。

表 2-1 正则表达式中主要元字符的含义

字　符	含　　义	简　　例
.	匹配任意字符（不包括换行符）	'py.'可以匹配'pya'和'pyb'
^	匹配开始位置，多行模式下匹配每一行的开始	^\d 表示第一个必须为数字
$	匹配结束位置，多行模式下匹配每一行的结束	\d$表示最后一个必须为数字
*	匹配元字符 0 到多次	
+	匹配元字符 1 到多次	
?	匹配元字符 0 到 1 次	
{n}	匹配 n 个字符	\d{3}表示匹配 3 个数字
{m,n}	匹配元字符 m 到 n 次	\d{3,8}表示 3~8 个数字
\\	转义字符，其后字符将失去作为特殊元字符的含义	\d{3}\-\d{3,8}'可以匹配 010-12345
[]	字符集、可匹配其中任意一个字符，用于精确匹配	[0-9a-zA-Z_]{0,19}可以匹配长度是 1~20 个字符、多种类型（一个数字、字母或者下划线）的字符串（比如'a100'）
|	逻辑表达式	(P|p)ython 可以匹配'Python'或者'python'
\A	匹配字符串开始位置，忽略多行模式	
\Z	匹配字符串结束位置，忽略多行模式	
\b	匹配位于单词开始或结束位置的空字符串	
\B	匹配不位于单词开始或结束位置的空字符串	
\d	匹配一个数字，相当于 [0-9]	'00\d'可以匹配'007'
\D	匹配非数字，相当于 [^0-9]	
\s	匹配任意空白字符，相当于[\t\n\r\f\v]	
\S	匹配非空白字符，相当于 [^ \t\n\r\f\v]	
\w	匹配数字、字母、下划线中任意一个字符，相当于 [a-zA-Z0-9_]	'\w\w\d'可以匹配'py3'
\W	匹配非数字、字母、下划线中的任意字符，相当于 [^a-zA-Z0-9_]	

2. Python 正则表达式的实现

Python 提供 re 模块来实现正则表达式的支持。使用 re 模块时，先将正则表达式的字符串形式编译为 Pattern 实例，然后使用 Pattern 实例处理文本并获得匹配结果（一个 Match 实例），最后使用 Match 实例获得信息，以进行其他操作。

Python 中的 re 模块具有所有正则表达式的功能，主要包含编译（正则表达式）、搜索、分组、匹配模式（\B 和\b 分别是匹配出现在一个单词中间和边界）。具体方法主要有 match（从具体位置尝试匹配）、search（查找可以匹配成功的子串）、split（将能够匹配的字符串进行分割）、findall（以列表形式返回全部能匹配的子串）、finditer（返回一个顺序访问每一个匹配结果的迭代器）、sub（使用指定字符串进行替换并返回）、subn（使用指定字符串进行替换，返回替换结果与替换次数）。方法中最常用的是 match 和 search，对于所得搜索结果还可以使用 groups 等方法进行不同分组，见下面两个例子。

[例 2-32] 使用 Python 的 re 模块，对 010-12345 中符合'^(\d{3})-(\d{3,8})$'的结果进行搜索与分组。

[算例代码]

```
#-*-coding: utf-8-*-
#1. 导入依赖库
import re
#2. 编译
#Re1 = re. compile(r'^(\d{3})-(\d{3,8})$')
sentence='010-12345'
patt = r'^(\d{3})-(\d{3,8})$'
Re1 = re. compile(patt) #返回一个正则表达式对象
#3. 匹配: 获得匹配结果 R2
Re2 = Re1. match(sentence)
#本句一般形式是 Re2 = re. match(pattern, string, flags),
#其中 pattern 是正则表达式, string 是要匹配的字符串, flags 是匹配标志位, 可以是:
#    re. I(忽略大小写)、re. M(多行模式)、re. S(点任意匹配)
#    re. L(取决于当前区域设定的使预定字符)
#    re. M(进行多行匹配)
#    re. S('.'可匹配任何字符、包括换行符)
#    re. U(取决于 unicode 定义的预定字符属性)
#    re. X(详细模式: 多行, 忽略空白字符, 可加入注释)
#因此, 本句可以写成 Re1 = re. match(patt, re. I | re. M)
#这里的 match 可以是(以便得到不同匹配或替换的结果):
#match、search、split、findall、finditer、sub、subn
#4 搜索: 一个正则表达式对象是否存在
m=re. search(patt, sentence)
if m:
    print('match')
else:
    print('not match')
#5. 对匹配结果进行分组
Re3 = Re2. groups()
#这里的 groups 可以是以下之一:
#    group([group1, …])(获得多个分组截获的字符串)
#    groups()(默认形式、返回全部分组截获的字符串)
#    groupdict()(返回别名为键的字符串)
#    start([group])(返回指定组截获字符串的起始索引)
#    end([group])(返回指定组截获字符串的结束索引)
#    span([group])(返回起始索引和结束索引)
#    因此, 本句可以改为 Re3 = Re2. start()
print(Re3) #显示匹配分组结果
```

[运行结果]

```
match
('010', '12345')
```

[**例 2-33**] 使用 Python 的 re 模块，找出字符串数组中字母 g 后面不是 u 的字符串。

[**算例代码**]

```
# - * - coding: utf-8 - * -
#例 2-31
import re
words = ['gold', 'Google', 'Sogu', 'Guess']
patt = re.compile(r'.*g[^u]') #'.'匹配任意一个字符, '*'匹配 0 或多个字符, g 后不是 u
for w in words:
    m = re.match(patt, w)
    if m:
        print(w)
```

[运行结果]

```
gold
Google
```

2.2　Python 的文件操作与异常处理

2.2.1　文件操作

1. txt 格式文件的读取和写入

txt 格式文件操作时，通常使用 open 命令。open( ) 的第一个参数是文件名；第二个参数是模式，一般有四种，分别是读取(r)、写入(w)、追加(a)、读写(r+)。

[**例 2-34**] 已有文件 E:\TumuPy\C02_02.txt、存储名字和年龄的关系（见下），编制读取文件内容并全部显示的代码。

```
Tom, 8
Jerry, 7
Tyke, 3
```

[**算例代码**]

```
#coding:UTF-8
with open('E:\TumuPy\C02_02.txt', 'r') as f:        #打开文件, 读取模式
    lines = f.readlines()                            #一次读取所有行
    for line in lines:                               #按行格式化并显示信息
```

```
name, age = line.rstrip().split(',')
print('{} is {} years old.'.format(name, age))
```

[运行结果]

```
Tom is 8 years old.
Jerry is 7 years old.
Tyke is 3 years old.
```

[例 2-35] 将"欢迎学习 Python 语言"字样保存于文件 E:\TumuPy\C02_03.txt，然后用 Python 语言编程读取文件内容。

[算例代码]

```
#coding:UTF-8
#以文本方式打开文件
textFile = open("E:\TumuPy\C02_03.txt", "rt", encoding="utf-8")
#读取指针所在的一行文件内容
t=textFile.readline()
#显示读取的内容
print(t)
#关闭文件
textFile.close()
#以二进制方式打开文件
binFile = open("E:\TumuPy\C02_03.txt", "rb")
#读取指针所在的一行文件内容
b=binFile.readline()
#显示读取的二进制内容
print(b)
#关闭文件
binFile.close()
```

需要注意的是，以文本方式打开文件且文本中包含中文时，需指定编码格式为"utf-8"，否则会出现报错。

[运行结果]

```
欢迎学习 Python 语言
b'\xe6\xac\xa2\xe8\xbf\x8e\xe5\xad\xa6\xe4\xb9\xa0Python\xe8\xaf\xad\xe8\xa8\x80'
```

[例 2-36] 文件 E:\TumuPy\C02_04.txt 是学生一学期的成绩，每一行代表一个学生的成绩，由笔试成绩、平时成绩和作业三部分构成。求每个学生的总评分并显示在窗口。总评=笔试成绩*50%+平时成绩*25%+作业*25%。

[算例代码]

```
#打开文件,指定文件名称,读取方式和编码方法
f=open("E:\TumuPy\C02_04.txt", "r", encoding='utf-8')
```

```
#读表头行
head = f. readline( )
#去掉回车后在表头的末尾加上总评成绩
newhead = head[ :-1]+'         总评成绩'
#显示新表头
print( newhead)
#逐行读取文件后续信息
for line in f. readlines( ):
    #用空格分段每一行的信息
    l = line. split( )
    #求总评分
    s = round( int( l[2]) * 0. 5+int( l[3]) * 0. 25+int( l[4]) * 0. 25, 2)
    #加空格对齐
    l[1] = "   " +l[1]
    l[2] = " " +l[2]
    l[3] = "   " +l[3]   #加空格对齐
    l[4] = "   " +l[4]   #加空格对齐
    #加空格对齐并显示
    print('         '. join( l)+'         '+str( s))
#关闭文件
f. close( )
```

[运行结果]

学号	姓名	笔试成绩	平时成绩	作业	总评成绩
20153408	张三	78	80	76	78.0
20153415	李四	80	75	80	78.75
20153467	王五	68	89	79	76.0
20153517	赵六	90	87	92	89.75

[**例 2-37**] 将 sin 函数的自变量和变量值写入 txt 文件 E:\TumuPy\C02_05. txt。其中自变量的取值范围为[-5,5]，步长为 0. 1。

[**算例代码**]

```
#导入所需库
import numpy
import math
#打开文件,若没有此文件则自动创建该文件
file = open( "E:\TumuPy\C02_05. txt" ,"a" )
#将自变量和变量逐个写入文件中
for i in numpy. arange( -5. 0,5. 1,0. 1):
    #计算 sin 的变量值,i 为自变量
    sin_value = math. sin( i)
```

```
    #将自变量和变量写入文件
    file. write("{:.2f},{:.2f}\n". format(i,sin_value))
#关闭文件
file. close()
```

[运行结果]

运行生成的文件如图 2-1 所示。

图 2-1 例 2-37 运行生成的文件

[**例 2-38**] 将文件 E:\TumuPy\C02_05. txt 读取出来并绘制散点图。

[算例代码]

```
#导入所需库
import matplotlib. pyplot as plt
import numpy as np
import re
#初始化自变量和变量列表
x=[]
y=[]
#打开文件 E:\TumuPy\C02_05. txt
file=open("E:\TumuPy\C02_05. txt","r")
#逐行读取文件内容
for line in file. readlines():
    #将一行内容用","和换行符号分开, 并保存在l列表中
    l=re. split('[ ,\n]',line)
    #将l中自变量的值添加到 x 列表中
    x. append(float(l[0]))
    #将l中变量的值添加到 y 列表中
    y. append(float(l[1]))
#显示 x 的所有元素
print(x)
```

```
#显示 y 的所有元素
print(y)
#根据 x 向量和 y 向量画散点图
plt. scatter(x,y)
plt. xlabel("x")    #设置 x 坐标标签
plt. ylabel("y")    #设置 y 坐标标签
#设置 x 轴坐标
plt. xticks(np. arange(-5, 5.5, 0.5))
#设置 y 轴坐标
plt. yticks(np. arange(-1,1,0.1))
#显示图形
plt. show()
```

[**运行结果**] 窗口运行结果如下，散点图如图 2-2 所示。

```
[-5.0, -4.9, -4.8, -4.7, -4.6, -4.5, -4.4, -4.3, -4.2, -4.1, -4.0, -3.9, -3.8, -3.7,
-3.6, -3.5, -3.4, -3.3, -3.2, -3.1, -3.0, -2.9, -2.8, -2.7, -2.6, -2.5, -2.4, -2.3,
-2.2, -2.1, -2.0, -1.9, -1.8, -1.7, -1.6, -1.5,
...
0.68, 0.6, 0.52, 0.43, 0.33, 0.24, 0.14, 0.04, -0.06, -0.16, -0.26, -0.35, -0.44, -0.53,
-0.61, -0.69, -0.76, -0.82, -0.87, -0.92, -0.95, -0.98, -0.99, -1.0, -1.0, -0.98,
-0.96]
```

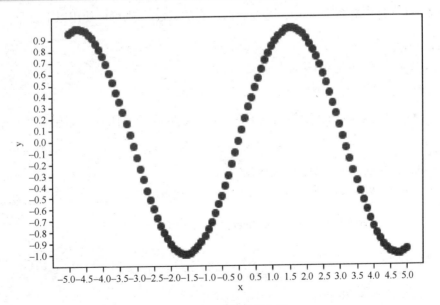

图 2-2　sin 函数的散点图

[**例 2-39**] 根据矩阵 x = [[1, 2, 3], [4, 5, 6], [7, 8, 9]]，形成文件 E:\TumuPy\ C02_06. txt。

[算例代码]

```
#－＊－coding：utf－8－＊－
#导入所需库
import numpy as np
data = np. array([[1, 2, 3], [4, 5, 6], [7, 8, 9]])
np. savetxt('E:\TumuPy\C02_06. txt', data, delimiter=',', fmt='%8. 2f')
```

[运行结果] 生成文件 E:\TumuPy\C02_06. txt，内容如图 2-3 所示。

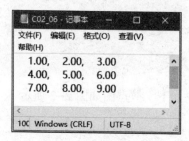

图 2-3　例 2-39 运行生成文件

2. Excel 文件的读取与写入

首先使用以下命令安装相应库：

```
pip install xlrd
```

一个 Excel 文件中有多个 sheet，若要获取所有的 sheet，则可以使用以下命令：

```
import xlrd
Workbook=xlrd. open_workbook('文件名 . xls')
Sheet_names=Workbook. sheet_names( )
```

若需根据索引获取 sheet，则使用以下命令可以获取第一个 sheet（索引从 0 开始）：

```
import xlrd
Workbook=xlrd. open_workbook('文件名 . xls')
Sheet_name=Workbook. sheet_by_index(0)
```

也可以使用以下命令根据名字获取 sheet：

```
import xlrd
workbook=xlrd. open_workbook('文件名 . xls')
Sheet_Name = workbook. sheet_by_name('sheet1')
```

获取 sheet1 中的行数和列数：

```
print("名字为{}的 sheet 中，一共有{}行". format(Sheet_Name. name,Sheet_Name. nrows))
print("名字为{}的 sheet 中，一共有{}列". format(Sheet_Name. name,Sheet_Name. ncols))
```

获取指定单元格对象：

```
sheet. cell( row, col)
```

对象可以包含数值、文本、数字或其他数据类型。在 Python 中，每一行和列都是从 0 开始，从左上角向下、向右依次+1。

获取指定行某几列的 cell 对象：

```
sheet. row_slice( row, start_col, end_col)
```

获取指定列某几行的 cell 对象：

```
sheet. col_slice( col, start_row, end_row)
```

获取指定单元格的值：

```
sheet. cell_value( row, col)
```

获取指定行某几列的值：

```
sheet. row_values( row, start_col, end_col)
```

获取指定列某几行的值：

```
sheet. col_values( col, start_row, end_row)
```

[例 2-40] 存在工作簿文件 E:\TumuPy\C02_07. xls，试编写代码实现从该文件工作表（表名为 Data01）中获得有效数据行数和列数、第 1 行第 1 列的数值。

[算例代码]

```
#1. 配置基本环境
#coding:UTF-8
#2. 导入依赖库
import xlrd
wb = xlrd. open_workbook('E:\TumuPy\C02_07. xls')
sh = wb. sheet_by_name('Data01')
print( sh. nrows)              #有效数据行数
print( sh. ncols)              #有效数据列数
print( sh. cell(0,0). value)   #输出第 1 行第 1 列的值
```

[运行结果]

```
14
9
1.0
```

2.2.2 爬虫操作

1. Python 爬虫简介

网络爬虫，又称网络蜘蛛、网络机器人，是按一定规则浏览、检索网页信息的代码块，通过请求网页、抓取所需数据、进行数据处理，得到有价值的信息。本质上，搜索引擎（如百度、搜狗）就是大型的网络爬虫。

为了限制爬虫带来的危险，大多数网站都有良好的反爬措施，通过 robots.txt 协议对不能被抓取的页面做了规定。因此，使用爬虫时要自觉遵守协议，不要非法获取他人信息，更不能做危害网站安全的事情。

2. Python 爬虫的实现

Python 语言支持多个爬虫模块（如 requests），还提供了强大的 Scrapy 框架，让编写爬虫程序变得比较简单。下面通过两个实例使用模块 requests 来实现网络爬虫。

[例 2-41] 使用 Python 中的 requests 模块，获得 https://api.github.com/中星级模块的信息。

[算例代码]

```python
#-*- coding: utf-8 -*-
import requests, time
url = 'https://api.github.com/search/repositories? q=language:python&sort=stars'
r = requests.get(url); print('Status code:', r.status_code)
response_dict = r.json()
print('Total respositories:', response_dict['total_count'])
repo_dicts = response_dict['items']
print("Repositories returned:", len(repo_dicts))
repo_dict = repo_dicts[0]
print("\nSelected information about first repository:")
time.sleep(0.1)
#上句是加个停顿，解决[WinError 10061]（"目标计算机积极拒绝、无法连接"）的问题
for repo_dict in repo_dicts[0:4]:                      #限制所得网页的数量
    print('\nName:', repo_dict['name'])               #显示网页名称
    print('Owner:', repo_dict['owner']['login'])      #显示网页创建人
    print('Stars:', repo_dict['stargazers_count'])    #显示网页访问数量
    print('Repository:', repo_dict['html_url'])        #显示网页地址
    print('Created:', repo_dict['created_at'])         #显示创建时间
    print('Updated:', repo_dict['updated_at'])        #显示最后一次更新时间
    print('Description:', repo_dict['description'])    #显示网页描述
```

[运行结果]

```
Status code: 200                    #表示访问成功
Total respositories: 8933780        #表示星级评估总量
Repositories returned: 30           #表示访问返回数
```

```
Selected information about first repository:    #选择第一个网络地址
Name：public-apis                                #网址名称
Owner：public-apis                               #网址所有者
Stars：209770                                    #网址星级（评估数）
Repository：https://github.com/public-apis/public-apis    #网址位置
Created：2016-03-20T23:49:42Z                   #网址创建时间
Updated：2022-09-26T16:12:43Z                   #网址更新时间
Description：A collective list of free APIs      #网址简介（获得免费 API 的一个很好网站）
#…依次出现后续 4 个网站的相关信息
```

[例 2-42] 使用 Python 中的 requests 模块，获得 http://www.xujinming.com/的信息。

[算例代码]

```
#-*- coding：utf-8 -*-
import requests          #导入模块 requests
r = requests.get('http://xujinming.com')          #获得指定网页
print(r.encoding)        #显示获得指定网页是否成功（如果运行结果是 200，则表示成功）
str = r.text             #获得指定网页的编码文本
#print(str)              #显示指定网页的编码文本（原始编码文本较长，本句开头使用#来隐去）
RR = r.encoding          #获得指定网页的编码方式
#使用指定网页编码方式、生成文件 E:\TumuPy\C02_08.html：
f = open("E:\TumuPy\C02_08.html","w",encoding = RR)    #创建一个网页文件
f.write(str)             #将网页编码代码写入文件
```

[运行结果]

```
ISO-8859-1#指定网页的编码方式
```

对于所创建的网页文件"E:\TumuPy\C02_08.html"，使用网页浏览器打开，得到的界面如图 2-4 所示。

图 2-4 例 2-42 的运行结果

2.2.3 数据库操作

1. Python 数据库操作基础

数据库连接对象主要提供获取数据库游标对象和提交/回滚事务、关闭数据库连接的方法。

可以使用 connect 函数获取对象，该函数主要参数包括：host（主机名）、database/db（数据库名称）、user（用户名）、password（用户密码）、charset（编码方式）。

connect 函数返回连接对象。该对象表示当前与数据库的会话、支持的方法主要包括：close( )（关闭数据库连接）、commit( )（提交事务）、cursor( )（获取游标对象、操作数据库）、execute(operation[,parameters])（执行数据库操作）。

2. Python 数据库操作的实现

SQLite 是一种嵌入式数据库，将整个数据库（包括表、索引、数据）作为一个单独的可跨平台使用文件存储在主机之中。

Python 中内置了 SQLite。在 Python 中使用 SQLite 数据库时，通过 "conda install sqlite"来完成模块 sqlite 的实现（安装中回答问题时选择 "yes"）。

下面以模块 SQLite 使用为例，说明 Python 语言数据库操作的实现。

[**例 2-43**] 使用 SQLite 模块，对数据库 "E:\TumuPy\C02_09.db" 进行读入和提交等操作。

[算例代码]

```
#-*-coding: utf-8-*-
#1 找到 sqlite3 的安装位置
import sys
sys. path. append( r"G:\anaconda3\Lib\site-packages")
#2 载入 sqlite3
import sqlite3
#3 创建新数据库
conn = sqlite3. connect('E:\TumuPy\C02_09.db') #如已有该文件，需重新命名
#已有数据库文件 E:\TumuPy\C02_09. db 可以使用 SQLiteSpy 打开
conn. execute("CREATE TABLE movie( title, year, score)")
#https://docs. python. org/3/library/sqlite3. html
#4 执行数据库操作
conn. execute("""
    INSERT INTO movie VALUES
        ('Monty Python and the Holy Grail', 1975, 8. 2),
        ('And Now for Something Completely Different', 1971, 7. 5)
""")
#5 提交数据库操作
conn. commit( )
#6 提取数据库信息
res = conn. execute("SELECT score FROM movie")
```

```
    res. fetchall()
    data = [
        ("Monty Python Live at the Hollywood Bowl", 1982, 7.9),
        ("Monty Python's The Meaning of Life", 1983, 7.5),
        ("Monty Python's Life of Brian", 1979, 8.0),
    ]
    conn. executemany("INSERT INTO movie VALUES(?, ?, ?)", data)
    conn. commit()
    for row in conn. execute("SELECT year, title FROM movie ORDER BY year"):
        print(row)
    #7 关闭数据库
    conn. close()
    #8 执行新的数据库操作
    new_con = sqlite3. connect("E:\TumuPy\C02_09. db")
    new_cur = new_con. cursor()
    res = new_cur. execute("SELECT title, year FROM movie ORDER BY score DESC")
    title, year = res. fetchone()
    print(f'The highest scoring Monty Python movie is {title! r}, released in {year}')
```

[运行结果]

```
(1971, 'And Now for Something Completely Different')
(1975, 'Monty Python and the Holy Grail')
(1979, "Monty Python's Life of Brian")
(1982, 'Monty Python Live at the Hollywood Bowl')
(1983, "Monty Python's The Meaning of Life")
The highest scoring Monty Python movie is 'Monty Python and the Holy Grail', released in 1975
```

2.2.4　异常处理

1. Python 中的异常类型

编程过程中耗时最多的通常是程序（代码）的调试；即使语法正确，运行时也可能发生错误。运行期检测到的错误被称为异常。大多数情况下，程序不会自动处理异常，而是以错误信息的形式展现（Python 编程平台通常显示第一个异常）。当 Python 代码发生异常时需要捕获、处理，否则程序会终止执行。

Python 中常见的异常见表 2-2。

表 2-2　Python 中常见的异常

异常名称	含义
BaseException	所有异常的基类
SystemExit	解释器请求退出
KeyboardInterrupt	用户中断执行（通常是输入^C）

异 常 名 称	含 义
Exception	常规错误的基类
StopIteration	迭代器没有更多的值
GeneratorExit	生成器发生异常来通知退出
StandardError	所有的内建标准异常的基类
ArithmeticError	所有数值计算错误的基类
FloatingPointError	浮点计算错误
OverflowError	数值运算超出最大限制
ZeroDivisionError	除（或取模）零
AssertionError	断言语句失败
AttributeError	对象没有这个属性
EOFError	没有内建输入，到达 EOF 标记
EnvironmentError	操作系统错误的基类
IOError	输入/输出操作失败
OSError	操作系统错误
WindowsError	系统调用失败
ImportError	导入模块/对象失败
LookupError	无效数据查询的基类
IndexError	序列中没有此索引
KeyError	映射中没有这个键
MemoryError	内存溢出错误
NameError	未声明/初始化对象
UnboundLocalError	访问未初始化的本地变量
ReferenceError	弱引用试图访问已经垃圾回收了的对象
RuntimeError	一般的运行时错误
NotImplementedError	尚未实现的方法
SyntaxError	语法错误
IndentationError	缩进错误
TabError	Tab 和空格混用错误
SystemError	一般的解释器系统错误
TypeError	对类型无效的操作
ValueError	传入无效的参数
UnicodeError	Unicode 相关的错误
UnicodeDecodeError	Unicode 解码时的错误
UnicodeEncodeError	Unicode 编码时错误
UnicodeTranslateError	Unicode 转换时错误

续表

异　常　名　称	含　　义
Warning	警告的基类
DeprecationWarning	被弃用特征的警告
FutureWarning	语义会改变的警告
OverflowWarning	自动提升为长整型的警告
PendingDeprecationWarning	特性将会被废弃的警告
RuntimeWarning	可疑运行行为的警告
SyntaxWarning	可疑语法的警告
UserWarning	用户代码的警告

2. Python 中的异常处理方法

Python 中，捕捉异常使用 try…except 语句，常用的语法形式是：

```
try:
    (没有出现异常时执行的代码块)
except IOError:
    (出现异常 IOError 时执行的代码块)
except IOError as e:  #将异常 IOError 重命名为 e
    (出现异常 IOError 时执行的代码块)
except(Exception1[, Exception2[,...ExceptionN]]):
    (出现多个异常中一个或多个异常[即出现方括号内的内容]时执行的代码块)
except:
    (出现任何异常时执行的代码块)
else:
    (没有出现异常 IOError 时执行的代码块)
```

下面举例说明编制函数对异常进行处理，并将其异常信息写入文件。

[**例 2-44**]　在 Python 编辑一个函数，调用时若除数为 0 则显示"出现除数 b 为零的情况"。

[**算例代码**]

```
#-*- coding:utf-8 -*-
    def div(a,b):
        try:
            return a/b
        #这里的 ZeroDivisionError 就是处理除数为 0 异常的方法
        except ZeroDivisionError as e:
        #把 ZeroDivisionError 重命名 e
            print("出现除数为零的情况")
    div(10,0)
```

[运行结果]

出现除数为零的情况

[简要说明]

把上面的代码改为：

```
#-*- coding: utf-8 -*-
def dev(a, b):
    try:
        c = float(a)/float(b)
    except ValueError as e: #将异常对象重新命名为 e
        print("字符串不能做除法")
s="str"
dev(2,s)
```

则运行结果是"字符串不能做除法"。

[例 2-45] 在文本文件 E:\TumuPy\C02_10. txt 中写入"这是异常测试文件"，写入成功显示"文件写入成功"，否则显示"文件写入失败"。

[算例代码]

```
#-*- coding: utf-8 -*-
try:
    fh = open("E:\TumuPy\C02_10. txt","w")
    fh. write("这是异常测试文件")
except IOError:
    print("文件写入失败")
else:
    print("内容写入成功")
    fh. close()
```

[运行结果]

得到文件 E:\TumuPy\C02_10. txt，其内容是"内容写入成功"。

Python 中，捕捉异常后使用语句 finally 表示不管是否出现异常都执行 finally 后面的语句块，使用 raise 来触发异常（不执行触发异常后的代码块），语法形式如下：

```
try:
    (没有出现异常时执行的代码块)
finally:
    (不管是否出现异常都执行的代码块)
raise
    (此后的代码块不被执行)
```

[**例 2-46**] 使用 finally 执行语句，使用 raise 来触发异常。

[**算例代码**]

```
#-*- coding: utf-8 -*-
R = 10
try:
    if (R<=20):
        raise Exception("输入数据必须大于 20")
        #触发异常后，后面的代码就不会再执行
finally:
    print(R)
```

[**运行结果**]

```
10
Traceback (most recent call last):
    File G:\anaconda3\lib\site-packages\spyder_kernels\py3compat.py:356 in compat_exec
        exec(code, globals, locals)
    File c:\users\administrator\untitled0.py:5
        raise Exception("输入数据必须大于 20")
Exception:输入数据必须大于 20
```

Python 中还可以通过继承常规错误基类 Exception 的方式来自定义异常类。

[**例 2-47**] 使用通过继承常规错误基类 Exception 的方式来自定义一个异常，并实现这一异常的调用。

[**算例代码**]

```
#-*- coding: utf-8 -*-
#1. 自定义异常类的创建
class MyError(Exception):
    def __init__(self, value):
        self.value = value
    def __str__(self):
        return repr(self.value)
#2. 自定义异常类的调用
try:
    raise MyError(10)
except MyError as e:
    print('出现异常的情况:', e.value)
```

[**运行结果**]

```
出现异常的情况: 10
```

2.3　Python 的科学计算

Python 中的科学计算通常使用 numpy 包。numpy（Numerical Python extensions）是一个第三方的 Python 包。

2.3.1　Python 基本计算

这里主要说明 numpy 包中 array 的使用。array 为数组，是 numpy 中最基础的数据结构，最关键的属性是维度和元素类型。

在 numpy 中可以非常方便地创建各种不同类型的多维数组，执行一些基本操作。array 的数组操作和基础数学运算非常丰富。可以使用命令 np. load 和 np. save 实现磁盘数组数据的读写（默认情况下，数组以未压缩的原始二进制格式保存在扩展名为 . npy 的文件中）。

[**例 2-48**] 对于数组 a=[1, 2, 3, 4]和 c=[[1, 2], [3, 4]]，执行基本操作（获得维度和元素类型等），保存为文件，加载文件内容。

[**算例代码**]

```
#coding:UTF-8
import numpy as np
a = [1, 2, 3, 4]
b = np. array(a)                #array([1, 2, 3, 4])
b. shape                        #(4,)
b. argmax()                     #3
b. max()                        #4
b. mean()                       #2.5
c = [[1, 2], [3, 4]]            #二维列表
d = np. array(c)                #二维 numpy 数组
d. shape                        #(2, 2)
d. size                         #4
d. flatten()                    #展开一个 numpy 数组为 1 维数组, array([1, 2, 3, 4])
p = np. array(
    [[1, 2, 3, 4],
     [5, 6, 7, 8]]
)
print(a)
np. save("E:\TumuPy\C02_11. npy", a)    #保存到文件
a=np. load("E:\TumuPy\C02_11. npy")     #从文件读取
print(a)
```

将多个数组保存到一个文件中，可以使用 numpy. savez 函数。savez 函数的第一个参数是文件名，其后参数是需要保存的数组。savez 函数输出的是一个压缩文件（扩展名为 npz），文件名对应于数组名。load 函数自动识别 npz 文件、返回一个对象，可以将数组名作为关键

字来获取数组的内容。

[**例 2-49**] 使用 Python 输入数组 a=[1,2;3,4]和 b=[1,2,3;4,5,6]、将数组保存为新的文件"E:\TumuPy\C02_12. npz"，载入该文件并显示文件内容（数组数据）。

```
#coding:UTF-8
import numpy as np
a = [[1,2],[3,4]]
b = [[1,2,3],[4,5,6]]
print(a)
print(b)
np. savez("E:\TumuPy\C02_12. npz",a1=a,b1=b)
A = np. load("E:\TumuPy\C02_12. npz")
print(A['b1'])
```

2.3.2　Python 线性代数计算

结合 numpy 提供的基本函数，可以对向量、矩阵、张量进行线性代数计算（linalg）。

[**例 2-50**] 对于矩阵 a=np. array([3,4])、b=np. array([[1,2,3],[4,5,6],[7,8,9]])和 c=np. array([1,0,1])执行线性代数计算。

[**算例代码**]

```
#coding:UTF-8
import numpy as np
import numpy as np
a = np. array([3, 4])
np. linalg. norm(a)  # => 5.0
b = np. array([
    [1, 2, 3],
    [4, 5, 6],
    [7, 8, 9],
])
c = np. array([1, 0, 1])
np. dot(b, c)                #矩阵之间的点乘 => array([ 4, 10, 16])
np. dot(c, b. T)             #矩阵之间的点乘 => array([ 4, 10, 16])
np. trace(b)                 #求矩阵的迹 => 15
np. linalg. det(b)           #求矩阵的行列式值 => 0
np. linalg. matrix_rank(b)   #求矩阵的秩
u, v = np. linalg. eig(b)    #对正定矩阵求本征值和本征向量
```

2.4　Python 的作图

matplotlib 是 Python 中最常用的一种可视化工具，可以方便地创建二维（2D）图和三维

（3D）图。本节介绍使用 matplotlib 实现 Python 的作图，先说明 Python 二维图的制作。

2.4.1 Python 二维图的制作

点和线图是最基本的用法，也可以绘制柱状图或饼状图。

[例 2-51] 利用 matplotlib 库绘制（0，6.28）的 sin 函数图形。

[算例代码]

```
#-*-coding：utf-8-*-
#导入所需库
import numpy as np
import matplotlib.pyplot as plt
x = np.linspace(0, 6.28, 300)   #从 0 到 2 等分为 300 段，取前面 300 个点（不包括 0）
y = np.sin(x) ;                 #求 x 数组中每个数的 sin 函数值
plt.plot(x, y) ;                #画 sin 函数图
plt.xlabel('x') ;               #给图像加上 x 轴标签
plt.ylabel('y') ;               #给图像加上 y 轴标签
plt.show() ;                    #显示图像
```

[运行结果] 见图 2-5。

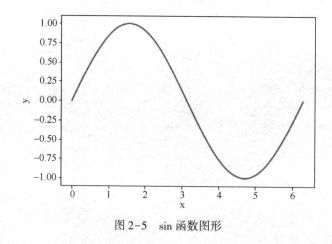

图 2-5　sin 函数图形

[例 2-52] 由 $y=2\sin x+0.3x^2$ 生成一组数据，在该数据中加入噪声，再用拟合曲线 $y=2\sin x+0.3x^2$ 来拟合，试绘制有关对比图形，进行适当的设置。

[算例代码]

```
#coding：UTF-8
#导入相关的库
import numpy as np
import matplotlib as mpl
import matplotlib.pyplot as plt
#设置全局横纵轴字体大小
```

```
mpl. rcParams[ 'xtick. labelsize'] = 24
mpl. rcParams[ 'ytick. labelsize'] = 24
np. random. seed(42)
#导入已知数据
x = np. linspace(0, 5, 100)          #x 轴的采样点
y = 2 * np. sin(x) + 0. 3 * x * * 2  #通过下面曲线加上噪声生成数据
y_data = y + np. random. normal(scale=0. 3, size=100)
#绘制图形
plt. figure('data')                  #设置图表名称
plt. plot(x, y_data, '.')            #'.' 设置图的类型（散点图，每个散点形状是圆）
plt. figure('model')
plt. plot(x, y)                      #画模型图, plot 函数默认画连线图
plt. figure('data & model')          #两个图画一起
#通过'k'指定线的颜色, lw 指定线的宽度、线形（'r--'表示红色虚线）
plt. plot(x, y, 'k', lw=3)
plt. scatter(x, y_data)              #生成散点图
plt. savefig('E:\\result. png')      #将当前 figure 保存到文件 result. png
plt. show()                          #让画好的图显示在屏幕上
```

[运行结果] 见图 2-6。

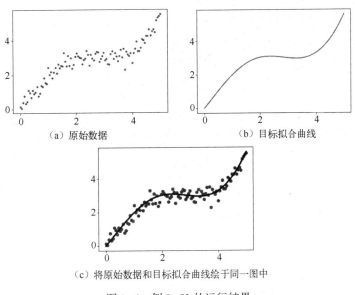

（a）原始数据　　　　　　　（b）目标拟合曲线

（c）将原始数据和目标拟合曲线绘于同一图中

图 2-6　例 2-52 的运行结果

2.4.2　Python 三维图的制作

matplotlib 中也能支持一些基础的三维（3D）图表（如曲面图、散点图和柱状图），需要使用 mpl_toolkits 模块。

[例 2-53] 使用 [0, 1] 之间的随机数绘制曲面图。

[算例代码]

```
#coding:UTF-8
import matplotlib.pyplot as plt
import numpy as np
#3D 图标必需的模块, project='3d'的定义
from mpl_toolkits.mplot3d import Axes3D
np.random.seed(42)
n_grids = 51              #x-y 平面的格点数
c = n_grids / 2           #中心位置
nf = 2                    #低频成分的个数
#生成格点
x = np.linspace(0, 1, n_grids)
y = np.linspace(0, 1, n_grids)
#x 和 y 是长度为 n_grids 的 array
#meshgrid 把 x 和 y 组合成 n_grids * n_grids 的 array, X 和 Y 就是所有格点的坐标
X, Y = np.meshgrid(x, y)
#生成一个 0 值的傅里叶谱
spectrum = np.zeros((n_grids, n_grids), dtype=np.complex)
#进行反傅里叶变换
Z = np.real(np.fft.ifft2(np.fft.ifftshift(spectrum)))
#创建图表
fig = plt.figure('3D surface & wire')
#第一个子图, surface 图
ax = fig.add_subplot(1, 2, 1, projection='3d')
#alpha 定义透明度, cmap 是 color map, rstride 和 cstride 是两个方向采样, lw 是线宽
ax.plot_surface(X, Y, Z, alpha=0.7, cmap='jet', rstride=1, cstride=1, lw=0)
#第二个子图, 网线图
ax = fig.add_subplot(1, 2, 2, projection='3d')
ax.plot_wireframe(X, Y, Z, rstride=3, cstride=3, lw=0.5)
plt.show()
```

[运行结果] 见图 2-7。

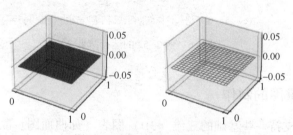

图 2-7　例 2-53 的运行结果

2.4.3　turtle 的使用

turtle 库也称作海龟绘图库，在安装 Anaconda 时已经安装，不需要另外安装。

1. 常用 turtle 函数

（1）turtle. setup(width，height，startx，starty)：

这是绘图窗体布局函数，用于启动绘图窗口的位置和大小，其中，width 是绘图窗口的宽度，height 是绘图窗口的高度，width 和 height 如果是整数，则单位是像素；如果为小数，则为宽度占显示器的百分比（默认 width 为 50%，height 为 70%），startx 是绘图窗口距显示器左侧的距离，starty 是绘图窗口距显示器顶部的距离，startx 和 starty 如果省略，则绘图窗口处于显示器的正中心，向右方向定义为 x 轴，向上方向定义为 y 轴，见图 2-8。

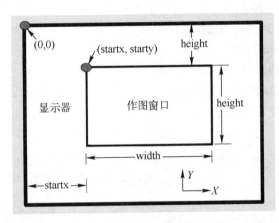

图 2-8　turtle 的坐标系

（2）turtle. forward(distance) 和 turtle. backward(distance)

这两个函数是运动控制函数，forward 为前进（向右，可以简写为 fd），backward 为前进（向左，可以简写为 bk），distance 是距离（单位是像素）。"海龟"前进方向的左侧和右侧分别叫左侧方向和右侧方向。

2. 绝对坐标里的常用函数

（1）turtle. goto(x,y)

这是定位函数，用于将"海龟"定位于指定的 x 和 y。

（2）turtle. circle(r,angle)

这是绘制圆形或弧形的函数，用于绘制以当前位置为圆心、半径为 r、角度为 angle 的圆形或弧形（默认 angle 为 360，即绘制圆形），r 和 angle 可以是负数。前进为正，后退为负；逆时针为正，顺时针为负；x 正轴表示 0°或 360°，y 正轴表示 90°或-270°，x 负轴表示 180°或-180°，y 负轴表示 270°或-90°。

（3）turtle. seth(angle)

这是改变"海龟"行进方向的函数，angel 为行进方向对应的角度。

（4）turtle. colormode(mode)、turtle. color( )、turtle. pencolor( ) 和 turtle. fillcolor( )

这些函数是颜色设置函数，分别用于设置颜色模式、窗体背景颜色、画笔颜色、填充颜色。mode＝1 和 mode＝255 分别表示采用小数和整数来表现 RGB；白色是 white，对应 Red（红）、Green（绿）、Blue（蓝）的组合分别是（255,255,255）和（1,1,1）；黄色是 yellow，对应 Red（红）、Green（绿）、Blue（蓝）的组合分别是（255,255,0）和（1,1,0）；蓝色是 blue，对应 Red（红）、Green（绿）、Blue（蓝）的组合分别是（0,0,255）和（1,1,1），黑色是 black，对应 Red（红）、Green（绿）、Blue（蓝）的组合分别是（0,0,0）和（0,0,0）。

（5）turtle. penup( )、turtle. pu( )、turtle. up( )

这三个函数是抬笔控制函数，作用相同，都起抬笔作用，移动时不会绘图。

（6）turtle. pendown( )、turtle. pd( )、turtle. down( )

这三个函数是落笔控制函数，作用相同，都起落笔作用，移动时绘图。

（7）turtle. pensize(width)

这是设置画笔尺寸的函数，width 为尺寸值。

（8）turtle. width(width)

这是设置画笔宽度的函数，width 为宽度。

下面举例来说明 turtle 的使用方法。

[例 2-54] 绘制一个正六边形。

[算例代码]

```
#coding:UTF-8
import turtle
turtle. pensize(2)
for i in range(6):
    turtle. fd(150)
    turtle. left(60)
turtle. done( )
```

[运行结果] 见图 2-9。

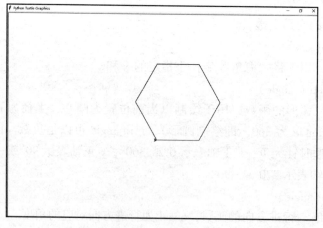

图 2-9 使用 turtle 绘制的正六边形

2.5　Python 的图像处理

2.5.1　Python 静态图像处理

安装 Anaconda 的视频图像处理模块 opencv（即 cv2）时，执行以下语句：

```
conda install py-opencv
```

安装过程中选择 y。

opencv（cv2）支持静态图像的存取和显示，还支持视频图像的处理。下面举例说明使用 opencv 进行图像处理的方法。

[例 2-55]　读入单帧静态图像 E:\TumuPy\C02_13.jpg，在 [10,10] 处重新赋值。

[算例代码]

```
#coding:UTF-8                              #可输入中文注释
import cv2                                 #导入视频图像处理库
import numpy as np                         #导入数据处理库
#1、图像读取
img=cv2.imread('E:\TumuPy\C02_13.jpg',cv2.IMREAD_UNCHANGED)
#2、图像赋值
img[10,10]=255                             #灰度图赋值
img[10,10,0]=250                           #彩色图单通道赋值
img[10,10]=[250,255,255]                   #彩色图多通道赋值
print(img[10,10])
```

[运行结果]

```
[250 255 255]
```

[例 2-56]　使用常规图像处理方法对静态图像 E:\TumuPy\C02_13.jpg 进行图像处理。

[算例代码]

```
#coding:UTF-8                              #可输入中文注释
import cv2                                 #导入视频图像处理库
import numpy as np                         #导入数据处理库
import matplotlib.pylab as plt             #导入图形处理库
#1. 图像读取
img=cv2.imread('E:\TumuPy\C02_13.jpg',cv2.IMREAD_UNCHANGED)
#2. 图像赋值
img[10,10]=255                             #灰度图赋值
img[10,10,0]=255                           #彩色图单通道赋值
img[10,10]=[255,255,255]                   #彩色图多通道赋值
img.item(10, 10, 2)                        #获得点（100,100）通道 2 的值
```

```
img. itemset((10, 10, 2), 255)                    #设置点 (100,100) 通道 2 的值
#3. 获取图像属性
h,w,d=img. shape ##获得图像大小 h*w 或 h*w*d
img_size=img. size ##获得图像大小
img. dtype ##获得图像数据类型
#4. 图像加法
result1 = img + img
result2=cv2. add(img, img)
result=cv2. addWeighted(img,0. 5,img,0. 5, 0) ##带权重融合, 第 5 参数为偏移量
#5. 图像类型转换
img2=cv2. cvtColor(img, cv2. COLOR_BGR2GRAY) ##彩色图转灰度图
img2=cv2. cvtColor(img, cv2. COLOR_BGR2RGB) #BGR 图转 RGB 图 (opencv 是蓝绿红)
#6. 图像阈值转换、二值化
r,b=cv2. threshold(img, 127, 255, cv2. THRESH_BINARY)
#图像二值化, 阈值为 127, r 为返回阈值, b 为二值图
r,b=cv2. threshold(img, 127, 255, cv2. THRESH_BINARY_INV) #图像反二值化
#7. 图像平滑处理
img2=cv2. blur(img, (5, 5))    ###均值滤波, sum(square)/25
#8. 形态学操作
k=np. ones((5,5),np. uint8)
img1=cv2. erode(img, k, iterations=2) ##图像腐蚀, k 为全 1 卷积核
img1=cv2. dilate(img, k, iterations=2) ##图像膨胀
img1=cv2. morphologyEx(img, cv2. MORPH_OPEN, k, iterations=2)##图像开运算
img1=cv2. morphologyEx(img, cv2. MORPH_CLOSE, k, iterations=2)##图像闭运算
img1=cv2. morphologyEx(img, cv2. MORPH_GRADIENT, k)##图像梯度运算
img1=cv2. morphologyEx(img, cv2. MORPH_TOPHAT, k)##高帽运算
img1=cv2. morphologyEx(img, cv2. MORPH_BLACKHAT, k)##黑帽运算
#9. canny 边缘检测
img1 = cv2. Canny(img,100,200)          #参数: 图片、低阈值、高阈值
#10. 图像轮廓标注
gray_img=cv2. cvtColor(img,cv2. COLOR_BGR2GRAY) #灰度图转化
dep,img_bin=cv2. threshold(gray_img,128,255,cv2. THRESH_BINARY) #二值图转化
```

2.5.2 Python 视频图像处理

1. 从视频中提取单帧

opencv (cv2) 还支持视频图像的处理, 下面是从视频中提取单帧的一个例子。

[例 2-57] 从视频文件 E:\TumuPy\C02_14. avi 中提取第 10 帧静态图像。

[算例代码]

```
#coding:UTF-8                              #可输入中文注释
#获取某视频的第 10 帧:
```

```
import cv2
cap = cv2. VideoCapture('E:\TumuPy\C02_14. avi')    #返回一个 capture 对象
wid = int( cap. get(3) )                            #视频的宽
hei = int( cap. get(4) )                            #视频的高
framerate = int( cap. get(5) )                      #视频的帧率（每秒帧数）
framenum = int( cap. get(7) )                       #视频总帧数
cap. set( cv2. CAP_PROP_POS_FRAMES,10)              #设置要获取的帧号
a,b=cap. read( )          #返回一个布尔值（帧读取成功，则返回 True）a 和一个视频帧 b
print( b)
cv2. imshow('b', b)
cv2. waitKey( 1000)
```

2. 根据多帧图像创建视频

下面举例说明根据多帧图像创建视频的方法。

[例 2-58] 根据文件夹 E:\TumuPy 中所有 jpg 格式的图像文件（E:\TumuPy\C02_13. jpg、E:\TumuPy\C02_15. jpg、E:\TumuPy\C02_16. jpg、E:\TumuPy\C02_17. jpg），创建视频文件 E:\TumuPy\C02_18. avi。

[算例代码]

```
#coding:UTF-8
import cv2
import glob
fps = 25      #保存视频的帧数，可以调整
fourcc = cv2. VideoWriter_fourcc( * 'MJPG')
videoWrite = cv2. VideoWriter('E:\TumuPy\C02_18. avi',fourcc, fps, ( 1920, 1080) )
imgs = glob. glob('E:\TumuPy\ * . jpg')   #glob 查找符合提条件的文件
#图片转视频
for image in imgs:
    frame = cv2. imread( image)
    videoWrite. write( frame)
    cv2. imshow('frame', frame)
    if cv2. waitKey(1) & 0xFF == ord('q'):
        break
videoWrite. release( )
cv2. destroyAllWindows( )
```

[例 2-59] 提取视频图像 E:\TumuPy\C02_14. avi 中第 10 帧图像的主要特性。

[算例代码]

```
#coding:UTF-8                              #可输入中文注释
#获取某视频的第 10 帧:
import cv2
cap = cv2. VideoCapture('E:\TumuPy\C02_14. avi') #返回一个 capture 对象
```

```
wid = int(cap.get(3))                            #视频的宽
hei = int(cap.get(4))                            #视频的高
framerate = int(cap.get(5))                      #视频的帧率（每秒帧数）
framenum = int(cap.get(7))                       #视频总帧数
cap.set(cv2.CAP_PROP_POS_FRAMES,10)              #设置要获取的帧号
a,b=cap.read()   #返回一个布尔值（帧读取成功，则返回 True）a 和一个视频帧 b
print(b)
cv2.imshow('b', b)
cv2.waitKey(1000)
```

2.6 Python 的图形用户界面编程

Python 提供了多个图形用户界面编程（GUI）的库，常用的有 tkinter、wxPython（使用 Prompt 命令 pip install wxPython 来安装）、PyQT5（使用 Prompt 命令 pip install pyqt5-tools 来安装）。

下面介绍 tkinter 模块的使用。

2.6.1 tkinter 编程简介

tkinter 模块（Tk 接口）是 Python 自带的标准 TkGUI 工具包接口。安装好 Python 之后就能导入 tkinter 库。tkinter 可以用于快速创建 GUI 应用程序，创建步骤是：①导入 tkinter 模块；②创建控件；③指定控件的属性。

[**例 2-60**] 使用 tkinter 创建简单控件。

[**算例代码**]

```
#coding:UTF-8
#导入 tkinter 库
from tkinter import *
root = Tk()   #创建窗口对象的背景色
#创建两个列表
li = ['C','python','php','html','SQL','java']
movie = ['CSS','jQuery','Bootstrap']
#创建两个列表组件
listb = Listbox(root)
listb2 = Listbox(root)
for item in li:
    #第一个小部件插入数据
    listb.insert(0,item)
    for item in movie:
        #第二个小部件插入数据
        listb2.insert(0,item)
        #将小部件放置到主窗口中
```

```
listb. pack( )
listb2. pack( )
#进入消息循环
root. mainloop( )
```

[运行结果] 见图 2-10。

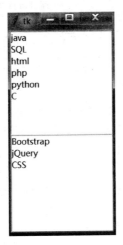

图 2-10 例 2-60 的运行结果

2.6.2 tkinter 控件的名称和属性

tkinter 提供各种控件（如按钮、标签和文本框）在应用程序中使用，目前有 15 种
tkinter 的部件，见表 2-3。

表 2-3 tkinter 控件的名称与作用

英 文 名 称	中 文 名 称	作 用
Button	按钮控件	在程序中显示按钮
Canvas	画布控件	显示图形元素（如线条或文本）
Checkbutton	多选框控件	提供多项选择
Entry	输入控件	显示简单的文本内容
Frame	框架控件	上显示一个矩形区域（多用来作为容器）
Label	标签控件	显示文本和位图
Listbox	列表框控件	显示一个字符串列表
Menubutton	菜单按钮控件	显示菜单项
Menu	菜单控件	显示菜单栏（包括下拉菜单和弹出菜单）
Message	消息控件	显示多行文本
Radiobutton	单选按钮控件	单选
Scale	范围控件	显示值刻度（输出限定范围的数字区间）
Scrollbar	滚动条控件	用于内容超过可视化区域时（如列表框）

英 文 名 称	中 文 名 称	作　　用
Text	文本控件	显示多行文本
Toplevel	容器控件	提供一个单独的对话框
Spinbox	输入控件	显示指定输入范围的文本内容
PanedWindow	窗口布局管理控件	用于窗口布局管理，可以包含一个或者多个子控件
LabelFrame	容器控件	用于窗口布局
tkMessageBox	消息框	显示应用程序消息

tkinter 控件的标准属性见表 2-4。

表 2-4　tkinter 控件的标准属性

属 性 名 称	属 性 描 述
Dimension	大小
Color	颜色
Font	字体
Anchor	锚点
Relief	样式
Bitmap	位图
Cursor	光标

　　tkinter 管理控件区域组织时使用包装、网格、位置等几何管理类，分别为 pack( )、grid( ) 和 place( )，下面是使用 tkinter 创建和设置窗口的一个例子。

[例 2-61] 使用 tkinter 创建窗口。

[算例代码]

```
#coding:UTF-8
#导入 tkinter 库
from tkinter import  *
import hashlib
import time
LOG_LINE_NUM = 0
class MY_GUI():
    def __init__(self,init_window_name):
        self.init_window_name = init_window_name
    #设置窗口
    def set_init_window(self):
        self.init_window_name.title("文本处理工具_v1.2")            #窗口名
        #self.init_window_name.geometry('320x160+10+10')   #290 160 为窗口大小，+10 +10 定
义窗口弹出时的默认展示位置
        self.init_window_name.geometry('1068x681+10+10')
```

```python
        #self.init_window_name["bg"] = "pink"    #窗口背景色
        #self.init_window_name.attributes("-alpha",0.9)    #虚化,值越小虚化程度越高
        #标签
        self.init_data_label = Label(self.init_window_name,text="待处理数据")
        self.init_data_label.grid(row=0,column=0)
        self.result_data_label = Label(self.init_window_name,text="输出结果")
        self.result_data_label.grid(row=0,column=12)
        self.log_label = Label(self.init_window_name,text="日志")
        self.log_label.grid(row=12,column=0)
        #文本框
        self.init_data_Text = Text(self.init_window_name,width=67,height=35)    #原始数据录入框
        self.init_data_Text.grid(row=1,column=0,rowspan=10,columnspan=10)
        self.result_data_Text = Text(self.init_window_name,width=70,height=49)    #处理结果展示
        self.result_data_Text.grid(row=1,column=12,rowspan=15,columnspan=10)
        self.log_data_Text = Text(self.init_window_name,width=66,height=9)    #日志框
        self.log_data_Text.grid(row=13,column=0,columnspan=10)
        #按钮
        self.str_trans_to_md5_button = Button(self.init_window_name,text="字符串转 MD5",
bg="lightblue",width=10,command=self.str_trans_to_md5)    #调用内部方法
        self.str_trans_to_md5_button.grid(row=1,column=11)
    #功能函数
    def str_trans_to_md5(self):
        src = self.init_data_Text.get(1.0,END).strip().replace("\n","").encode()
        #print("src =",src)
        if src:
            try:
                myMd5 = hashlib.md5()
                myMd5.update(src)
                myMd5_Digest = myMd5.hexdigest()
                #print(myMd5_Digest)
                #输出到界面
                self.result_data_Text.delete(1.0,END)
                self.result_data_Text.insert(1.0,myMd5_Digest)
                self.write_log_to_Text("INFO:str_trans_to_md5 success")
            except:
                self.result_data_Text.delete(1.0,END)
                self.result_data_Text.insert(1.0,"字符串转 MD5 失败")
        else:
            self.write_log_to_Text("ERROR:str_trans_to_md5 failed")
    #获取当前时间
    def get_current_time(self):
```

```
            current_time = time. strftime('%Y-%m-%d %H:%M:%S',time. localtime( time. time( )))
            return current_time
        #日志动态显示
        def write_log_to_Text(self,logmsg):
            global LOG_LINE_NUM
            current_time = self. get_current_time( )
            logmsg_in = str( current_time) +" " + str( logmsg) + " \n"          #换行
            if LOG_LINE_NUM <= 7:
                self. log_data_Text. insert( END, logmsg_in)
                LOG_LINE_NUM = LOG_LINE_NUM + 1
            else:
                self. log_data_Text. delete( 1. 0,2. 0)
                self. log_data_Text. insert( END, logmsg_in)
    def gui_start( ):
        init_window = Tk( )                              #实例化出一个父窗口
        ZMJ_PORTAL = MY_GUI( init_window)
        #设置根窗口默认属性
        ZMJ_PORTAL. set_init_window( )
        init_window. mainloop( )                         #父窗口进入事件循环,可以理解为保持窗口运行,否则
                                                         #界面不展示
    gui_start( )
```

[运行结果] 见图 2-11。

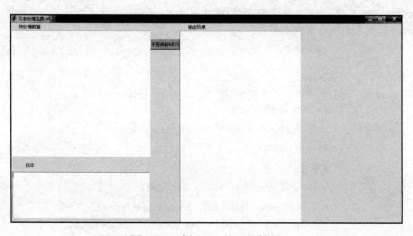

图 2-11　例 2-61 的运行结果

2.6.3　使用 tkinter 实现四则运算

下面两个例子使用 tkinter 实现加减乘除的四则运算,其中例 2-62 基于对话框,例 2-63
基于对话框和文档。

[例 2-62] 使用 tkinter 编制基于对话框的四则运算程序。

[算例代码]

```
#1. 设置环境:导入 tkinter 库
#coding:UTF-8
import tkinter as tk#导入 tkinter 库
#2. 建立和设置界面:
root = tk.Tk()                         #建立界面
root.title("加减乘除四则运算")  #设置界面标题
root.geometry('400x180')               #设置界面大小
#3. 建立第 1 个数的标签、输入全局变量
label1 = tk.Label(text="请输入第 1 个数", width=20, height=2) #设置第 1 个数的标签
#label1 = tk.Label(text="请输入第 1 个数", bg="blue", font=('微软雅黑',8,'italic'), width=
20, height=1)
#bg="red","yellow","black"
#font=('宋体', 11, 'italic'),('黑体', 12, 'bold'),'楷体', 13, 'underline')
label1.place(x=20, y=20)#label1.grid(row=1, column=1)#label1.pack()#将第 1 个数的标签置
                                                                #入界面
entry1 = tk.Entry(width=20)        #设置第 1 个数的输入
entry1.place(x=170, y=28)#entry1.grid(row=1, column=2)#将第 1 个数的输入置入界面
var1 = tk.DoubleVar()              #建立第 1 个数的全局变量
#4. 建立第 2 个数的标签、输入全局变量
label2 = tk.Label(text="请输入第 2 个数", width=20, height=2) #设置第 2 个数的标签
label2.place(x=20, y=50)
entry2 = tk.Entry(width=20)
entry2.place(x=170, y=58)
var2 = tk.DoubleVar()
#5. 建立计算结果的标签、输入全局变量
label3 = tk.Label(text="计算结果", width=20, height=2) #设置计算结果的标签
label3.place(x=20, y=110)          #将计算结果的标签置入界面
var3 = tk.DoubleVar()              #建立计算结果的全局变量
#6. 显示计算结果
label5 = tk.Label(textvar=var3, width=30, height=1,) #设置显示具体计算结果的标签
label5.place(x=100, y=118)         #将显示具体计算结果的标签置入界面
#7. 编制计算函数
#7.1 加法计算函数
def AddClickFun():
    global var1, var2, var3
    var1 = float(entry1.get())
    var2 = float(entry2.get())
    var3.set(var1+var2)
#7.2 减法计算函数
def MinClickFun():
```

```
        global var1, var2, var3
        var1 = float(entry1.get())
        var2 = float(entry2.get())
        var3.set(var1-var2)
#7.3 乘法计算函数
def MulClickFun():
        global var1, var2, var3
        var1 = float(entry1.get())
        var2 = float(entry2.get())
        var3.set(var1 * var2)
#7.4 除法计算函数
def DivClickFun():
        global var1, var2, var3
        var1 = float(entry1.get())
        var2 = float(entry2.get())
        if var2 == 0:
            var3.set("请重新输入数据")
        else:
            var3.set(var1/var2)
#8. 实现计算结果按钮的标签与置入
button1 = tk.Button(text="加法", width=8, height=1, command=AddClickFun)#按钮标签
button1.place(x=60, y=90)      #计算按钮置入
button2 = tk.Button(text="减法", width=8, height=1, command=MinClickFun)#按钮标签
button2.place(x=130, y=90)      #计算按钮置入
button3 = tk.Button(text="乘法", width=8, height=1, command=MulClickFun)#按钮标签
button3.place(x=200, y=90)      #计算按钮置入
button4 = tk.Button(text="除法", width=8, height=1, command=DivClickFun)#按钮标签
button4.place(x=270, y=90)      #计算按钮置入
#9. 运行界面
root.mainloop()                #运行界面
```

[运行结果] 见图 2-12。

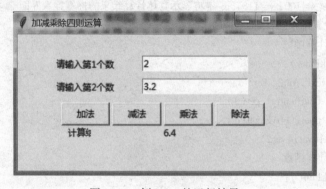

图 2-12　例 2-62 的运行结果

[**例 2-63**] 使用 tkinter 编制基于对话框和文档的加法运算程序。

[**算例代码**]

```
#1. 设置环境：导入 tkinter 库和 sys 库
#coding：UTF-8
from tkinter import *
import sys
#2. 定义相关函数
class popupWindow(object):                        #设置输入数据窗口（弹出界面）
    def __init__(self,master):
        top = self.top = Toplevel(master)
        #2.1 设置弹出窗口界面
        top.geometry('400x180')          #设置界面大小
        top.title("输入已知数据")       #设置界面标题
        #2.2 设置第 1 个数对应标签的标题及其位置
        self.label1 = Label(top,text="输入第 1 个数")
        self.label1.place(x=20, y=20)
        #2.3 设置第 1 个数的符号及其位置
        self.entry1 = Entry(top)
        self.entry1.place(x=170, y=28)
        #2.4 设置第 2 个数对应标签的标题及其位置
        self.label2 = Label(top,text="输入第 2 个数")
        self.label2.place(x=20, y=50)
        #2.5 设置第 2 个数的符号及其位置
        self.entry2 = Entry(top)
        self.entry2.place(x=170, y=58)
        #2.6 设置按钮（确认输出数据）的标题及其位置
        self.button1 = Button(top,text='确认输入数据',command=self.cleanup)
        self.button1.place(x=100, y=108)
    def cleanup(self):                            #获得已知数据、计算、关闭窗口界面
        #2.7 获得数据
        self.value1 = self.entry1.get()
        self.value2 = self.entry2.get()
        #2.8 进行数学计算
        Double1 = float(self.value1)
        Double2 = float(self.value2)
        Double3 = Double1+Double2
        #2.9 将计算结果转换为字符串变量
        self.value3 = str(Double3)
        #2.10 关闭窗口界面
        self.top.destroy()
#3. 定义输出（计算过程和结果）函数
```

```
class mainWindow(object):          #设置主窗口
    def __init__(self,master):
        self.master = master
        #设置输入数据菜单和计算结果菜单
        menuroot = Menu(root)
        menusp = Menu(menuroot)
        menuroot.add_command(label="输入已知数据",command=self.popup)
        menuroot.add_command(label="计算结果", command=lambda: sys.stdout.write(self.
entryValue()+'\n'))
        root['menu'] = menuroot
    def popup(self):
        self.wind1 = popupWindow(self.master)
        self.master.wait_window(self.wind1.top)
    def entryValue(self):
        return self.wind1.value3
#4. 运行主窗口
#4.1 设置主窗口界面
root = Tk()
root.title("加法计算")          #设置界面标题
#4.2 实现加法计算
m = mainWindow(root)
root.mainloop()
```

[**运行结果**] 见图 2-13。

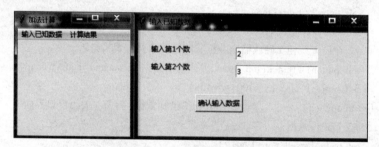

图 2-13　例 2-63 的运行结果

2.7　Python 的可执行文件制作

下面介绍 Python 中使用 pyinstaller 库和 kivy 库将已编模块打包成 EXE 文件的方法。

2.7.1　pyinstaller 库的使用

进入 Prompt，输入命令 conda install pyinstaller，即可安装 pyinstaller。

在使用 Python 生成可执行文件（EXE 文件）时，需要首先在 Python 中成功编译模块文件，见例 2-64 中的 E:\TumuPy\C02_19.py。

[**例 2-64**] 建立生成 EXE 文件的准备文件 E:\TumuPy\C02_19. py。

[**算例代码**]

```
#coding:UTF-8
#生成 EXE 文件的准备材料（E:\TumuPy\C02_19. py 的内容）
for i in range(1,5):
    for j in range(1,5):
        for k in range(1,5):
            if( i != k ) and (i != j) and (j != k):
                print(i,j,k)
```

进入 Prompt，再进入文件夹 E:\TumuPy，输入以下命令：

```
E:\TumuPy\pyinstaller E:\TumuPy\C02_19. py
```

命令执行完毕后，在文件夹 E:\TumuPy\中生成 dist 和 build 两个文件夹。其中，build 目录是 pyinstaller 存储临时文件的目录，可以删除；可执行程序是 E:\TumuPy\dist\ E:\Tu-muPy\C02_19. exe（文件夹中其他文件是可执行文件的动态链接库）。

通过-F 参数对 Python 源文件生成一个独立的可执行文件：进入 Prompt，再进入 E:\Tu-muPy\，执行以下命令：

```
pyinstaller -F E:\TumuPy\C02_19. py
```

执行后，在 dist 目录中出现了没有任何依赖库的文件 C02_19. exe。

使用 pyinstaller 库时需注意以下问题：文件路径中不能出现空格和英文句号（.）；源文件必须是 UTF-8 编码。

pyinstaller 有以下常用参数。

　　-h，--help：查看帮助。

　　-v，--version：查看 pyinstaller 版本。

　　--clean：清理打包过程中的临时文件。

　　-D，--onedir：默认值，生成 dist 目录。

　　-F，--onefile：在 dist 文件夹中只生成独立的打包文件。

　　-p DIR，--paths DIR：添加 Python 文件使用的第三方库路径。

　　-i <. ico or . exe,ID or . icns>，--icon <. ico or . exe,ID or . icns >：指定打包程序使用的图标（icon）文件。

2.7.2　kivy 库的安装与使用

1. kivy 的安装

进入 Prompt，依次执行以下命令：

```
python -m pip install docutils pygments pypiwin32 kivy. deps. sdl2 kivy. deps. glew
python -m pip install kivy. deps. gstreamer
```

```
python −m pip install kivy
python −m pip install kivy_examples
```

即可成功安装 kivy。

2. kivy 的使用

[例 2-65] 使用 kivy 形成 Windows 应用程序。

[算例代码]

```
#coding:UTF-8
import os
os. environ['KIVY_GL_BACKEND'] = 'angle_sdl2'
import kivy
kivy. require('2. 1. 0') #用当前的 kivy 版本替换
from kivy. app import App
from kivy. uix. label import Label
class MyApp(App):
    def build(self):
        return Label(text='Hello world')
MyApp(). run()
```

[运行结果] 见图 2-14。

图 2-14　例 2-65 的运行结果

2.8　Python 网络编程

本节介绍使用 Django 来初步实现网络编程。

2.8.1　Django 的安装

Django 是使用 Python 语言开发的一款免费且开源的 Web 应用框架，支持 Windows、

Linux 和 Mac 系统。Django 最初用来开发以新闻内容为主的网站，现在已成为 Web 开发者中最流行的框架。Django 发音时大写字母 D 不发音，因而读作"栈 go"。

安装 Django 的步骤如下。

在 https://www.djangoproject.com/download/下载 Django，形成 Django-4.1.10.tar，将该文件解压，将解压后的文件夹粘贴到安装位置（如 G:\Anaconda3）下的文件夹\Lib\site-packages\中（对于隐藏文件夹，可通过单击"此电脑"，在出现的界面中单击"查看"页面，勾选"隐藏的项目"使其显示）。

打开 Prompt，定位到文件夹 G:\Anaconda3\Lib\site-packages\Django-4.1.10，执行以下命令：

```
G:\Anaconda3\Lib\site-packages\Django-4.1.10>python setup.py install
```

接着配置环境变量。将以下目录添加到系统环境变量中（假设 Anaconda 3 的安装位置是 G:\Anaconda3，通过"设置→系统→关于→高级系统设置→环境变量→PATH→编辑（系统变量）→新建→拷入如下代码"，然后连续单击"确定"按钮来实现）。

```
%G:\Anaconda3\Lib\site-packages\Django-4.1.10%
```

配置完成后关闭 Prompt。

重新打开 Prompt，执行以下命令：

```
conda install django
```

验证 Django 是否安装成功，在 Spyder 窗口输入以下代码：

```
import django
print(django.get_version())
```

编译后，如返回 4.1.10（或其他版本号），则表示安装成功。

2.8.2　Django 的基本应用

打开 Prompt，执行以下命令：

```
(base) C:\User\Administrator\django-admin startproject mysite
```

运行后，新形成文件夹 C:\User\user\mysite（若文件夹 mysite 已经存在，可以将 mysite 另取一个名字）。在该文件夹内有文件夹 mysite 和文件 manage.py。在文件夹 mysite 中，有以下文件：__init__.py、asgi.py、settings.py、urls.py、wsgi.py。

定位到新文件夹：

```
(base) C:\User\Administrator\cd mysite
```

新建 app05，即执行以下命令：

```
(base) C:\User\Administrator\python manage.py startapp app05
```

运行后，新形成文件夹 C:\User\Administrator\mysite\app05。在该文件夹内有文件夹 migrations(包含文件__init__.py)和文件 manage.py。在文件夹 mysite 中，有以下文件：__init__.py、admin.py、apps.pt、models.py、tests.py、views.py。

依次执行以下命令：

```
(base) C:\User\Administrator\python manage.py migrate
(base) C:\User\Administrator\python manage.py runserver 127.0.0.1:8000
```

浏览器里输入 http://127.0.0.1:8000/，打开的页面见图 2-15。

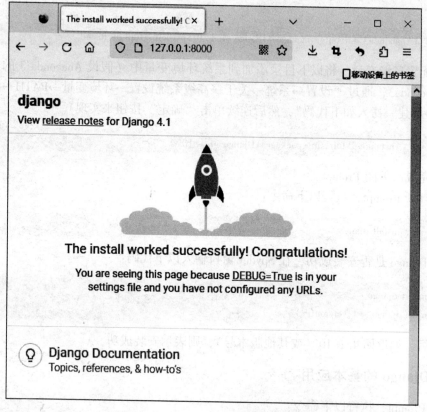

图 2-15　Django 基本应用的外观

习题 2

一、编程实现

1. 使用 Python 举例分别实现变量的输入、显示、引用方法。
2. 举例说明列表的创建、访问、增加、删除、拼接方法，计算 cos π。
3. 使用 for 循环，依次输出 0~9。
4. 使用 if…elif…else 结构，根据不同宠物给出不同食品。
5. 定义一个函数 create_a_list（默认参数是 x，y，z，前两个初始参数分别是 2 和 3，第

3 个初始参数是 3)，调用此函数。

6. 对矩阵 a = np. array([3,4])、b = np. array([[1,2,3],[4,5,6],[7,8,9]]) 和 c = np. array([1,0,1]) 执行线性代数计算。

7. 绘制你所在城市 24 h 气温图像的折线图，图像中需有标题和 x 轴、y 轴标签，并将最低气温、最高气温用不同颜色标记出来。

8. 已知一组数据和一个拟合模型，试绘制有关对比图形。

9. 对某一静态图像（如 E:\cat. jpg）进行读入与分析。

10. 从某一视频文件（如 E:\G01. avi）中提取第 5 帧静态图像。

11. 使用 Python 编制一个简单的源文件，进而生成独立的可执行文件。

12. 使用 Python 编程平台实现加减乘除四则运算的可视化应用程序。

二、单选题

1. 关于 Python 的分支结构，以下选项中描述错误的是（　　）。

A. 分支结构使用 if 保留字

B. 分支结构可以向已经执行过的语句部分跳转

C. Python 中 if…elif…else 语句描述多分支结构

D. Python 中 if…else 语句用来形成双分支结构

2. 下面对 turtle 库最适合的描述是（　　）。

A. 游戏库　　　　　B. 绘图库　　　　　C. 爬虫库　　　　　D. 数值计算库

3. turtle 库中将画笔移动 x 像素的语句是（　　）。

A. turtle. left(x)　　　B. turtle. circle(x)　　C. turtle. right(x)　　D. turtle. forward(x)

4. 以下选项中 Python 用于异常处理结构中用来捕获特定类型的异常保留字的是（　　）。

A. pass　　　　　　B. do　　　　　　C. except　　　　　　D. while

三、判断题

1. 条件表达式的结果只有两个值 True 和 False。（　　）

2. while 条件循环一般用于循环次数不确定的情况。（　　）

3. 一条 break 语句可以直接结束所在的多层循环。（　　）

4. turtle 模块是一个图形绘制函数库，是 Python 的标准库之一。（　　）

第 3 章　sklearn 应用基础

本章要点：

☑ sklearn 简介；

☑ sklearn 的基本应用；

☑ sklearn 的高级应用。

本章介绍基于 sklearn 的一些机器学习算法的 Python 实现。

3.1　sklearn 简介

机器学习效果的好坏与样本数量多少密切相关，随着样本数的增加，机器学习算法将逐步得到改进。但是，目前还没有对所有问题都适用的机器学习算法。通常情况下，某一算法只是不同方面（运算速度、预测精度、问题复杂程度等）之间的平衡。

图 3-1 是机器学习算法类型一览。

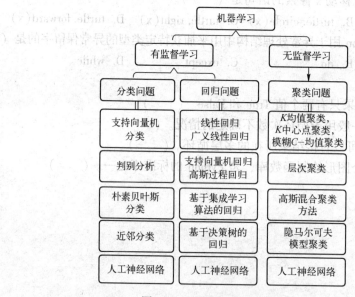

图 3-1　机器学习算法类型一览

本质上，机器学习是使用不同算法直接从已知数据中"学习"。就学习方式来说，机器学习有两种：有监督学习和无监督学习，前者基于已知输入和已知输出数据对新输入数据进行相应输出的预测（主要包括分类问题和回代问题），后者则是基于输入数据本身特征的分析（主要包括聚类问题）。

scikit-learn（简称 sklearn）是基于 Python 的一个机器学习库，对常用的机器学习算法进行了封装，包括分类（classification）、回归（regression）、聚类（clustering）、降维（dimensionality reduction）等算法。

3.2 sklearn 的基本应用

sklearn 中的各种学习算法实现过程主要包括：

① 引入需要训练的数据；

② 选择相应机器学习算法进行训练，训练过程中通过调整参数来提高学习准确率；

③ 对模型进行训练；

④ 保存训练好的模型；

⑤ 对新数据进行预测；

⑥ 使用 Matplotlib 等方法对已知数据和预测结果进行直观展示。

机器学习任务中，首先将原始数据集分为三部分：训练集、验证集和测试集。训练集用于训练模型；验证集用于模型的参数选择配置；测试集是未知数据，用于评估模型的泛化能力。

原始数据集可以使用 sklearn 自带的数据集，也可以使用用户自己的数据。用户自己的数据可以是 csv、xlsx、xls 等格式的文件数据，可以使用 pandas 来导入。比如，对于 csv 格式的数据文件 E:\\xjm01.csv，可以使用命令 dataset = pandas.read_csv('E:\\xjm01.csv', low_memory = False)来实现数据的导入，其中，文件 E:\xjm01.csv 中包含多时间多参数数据，数据之间以逗号分隔。

3.2.1 sklearn 自带数据集简介

sklearn 库的 datasets 模块中提供了一些数据集，其中主要的数据集见表 3-1。

表 3-1　sklearn 中主要的数据集

英 文 名 称	中 文 名 称	简　介
load_iris( )	鸢尾花数据集	3 类、4 个特征、150 个样本
load_boston( )	波士顿房价数据集	13 个特征、506 个样本
load_digits( )	手写数字数据集	10 类、64 个特征、1797 个样本
load_breast_cancer( )	乳腺癌数据集	2 类、30 个特征、569 个样本
load_diabetes( )	糖尿病数据集	10 个特征、442 个样本
load_wine( )	红酒数据集	3 类、13 个特征、178 个样本
load_linnerud( )	体能训练数据集	3 个特征、20 个样本

可以对这些自带数据集进行导入、查看处理。比如，对于鸢尾花数据集，导入时可以使用以下命令：

```
from sklearn.datasets import load_iris
iris = load_iris( )
```

在查看鸢尾花数据集属性时，可以使用命令 dir(iris)。

3.2.2　sklearn 数据预处理

数据预处理通常使用数据集标准化，这是大部分机器学习算法的常规要求。在实际情况中，可以忽略特征的分布形状，通过直接去均值来对某个特征进行中心化，再通过除以非常量特征（non-constant features）的标准差进行缩放。在 sklearn 中，可以通过 Scale 将数据缩放，达到标准化的目的。

[例 3-1]　使用 sklearn 对数组 a = [[10,2.7,3.6],[120,20,40]] 进行数据缩放，实现标准化。

[算例代码]

```
#1 设置环境与问题说明
#coding:UTF-8
#2 导入相关库
from sklearn import preprocessing
import numpy as np
#3 构建已知数组
a = np. array([[10,2.7,3.6],
              [120,20,40]],dtype = np. float64)
#4 导入相关算法（缩放处理）
b = preprocessing. scale(a)
#5 显示计算结果
print(b)    #将值的相差度减小
```

[运行结果]

```
[[-1. -1. -1. ]
 [ 1.  1.  1. ]]
```

[例 3-2]　使用 sklearn 中的 make_regression 构造新数据并显示出来。

[算例代码]

```
#1 设置环境与问题说明
#coding:UTF-8
#2 引入相关库
from sklearn import datasets      #引入数据集
import matplotlib. pyplot as plt  #引入作图库
#3 构造新数据
X,y = datasets. make_regression(n_samples = 100,n_features = 1,n_targets = 1)
#4 绘制新数据的图形
plt. figure()                     #构建作图界面
plt. scatter(X,y)                 #绘散点图
plt. show()                       #显示图形
```

[运行结果] 运行结果如图 3-2 所示。

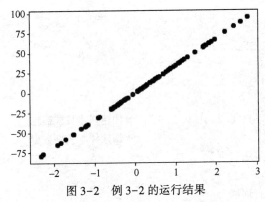

图 3-2　例 3-2 的运行结果

下面介绍使用 sklearn 进行分类问题（主要包括支持向量机分类、判别分析、朴素贝叶斯分类、近邻分类）、回归问题（主要是线性回归、支持向量机回归、基于集成学习算法的回归、基于决策树的回归）、聚类问题（主要是 K 均值聚类和层次聚类）、降维问题（主要使用主成分分析）的 Python 实现。

3.2.3　分类的 Python 实现

1. 支持向量机分类

（1）理论基础

给定已知样本集

$$S = \{(x_1, y_1), \cdots, (x_l, y_l) \mid x_i \in \mathbf{R}^n, y_j \in \mathbf{R}\} \tag{3-1}$$

对于任意给定的 $\varepsilon > 0$，如果在原始空间 $\mathbf{R}^n$ 存在超平面

$$f(x) = <w, x> + b, \quad w \in \mathbf{R}^n, \quad b \in \mathbf{R} \tag{3-2}$$

使

$$|y_i - f(x_i)| \leq \varepsilon, \quad \forall (x_i, y_i) \in S \tag{3-3}$$

则称 $f(x) = <w, x> + b$ 是样本集合 S 的 ε-线性回归。

对于分类问题，需要调整超平面斜率 w，使 $f(x) = <w, x> + b$ 与 S 中任意一点 (x_i, y_i) 之间的距离都尽可能大。因此，ε-线性回归问题转化为优化问题：

$$\begin{cases} \min\left\{\dfrac{1}{2}\|w\|^2\right\} \\ \text{s. t.} \quad |<w, x_i> + b - y_i| \leq \varepsilon, \quad i = 1, 2, \cdots, l \end{cases}$$

引入松弛变量，使用 Lagrange 乘子法，得到优化问题的对偶形式：

$$\begin{cases} \min\left\{-\dfrac{1}{2}\displaystyle\sum_{i,j=1}^{l}(\alpha_i - \alpha_i^*)(\alpha_j - \alpha_j^*)<x_i, x_j> + \sum_{i=1}^{l}(\alpha_i - \alpha_i^*)y_i - \sum_{i=1}^{l}(\alpha_i + \alpha_i^*)\varepsilon\right\} \\ \text{s. t.} \quad \displaystyle\sum_{i=1}^{l}(\alpha_i - \alpha_i^*) = 0, \quad 0 \leq \alpha_i, \alpha_i^* \leq C, \quad i = 1, 2, \cdots, l \end{cases}$$

（2）算例

[例 3-3] 对于样本特征数据 X = [[0,0,1],[1,1,1],[1,1,1]]，y = [0,1,2] 使用 Python 实现支持向量机分类，对新数据 [[2.,2.,2]] 进行类别预测。

[算例代码]

```
#1 设置环境与问题说明
#coding:UTF-8
#2 导入相关库
from sklearn import svm
#3 构建数据
X = [[0, 0, 1], [1, 1, 1], [1, 1, 1]]    #构建样本特征数据
y = [0, 1, 2]                             #构建样本类别数据
#4 导入机器学习算法
clf = svm.SVC()
#5 对已知数据进行训练
clf.fit(X, y)
#6 对新数据进行预测
print(clf.predict([[2., 2., 2]]))
```

[运行结果]

[2]

2. 判别分析

（1）理论基础

判别分析是根据已有分类信息得到判别函数关系式，进而利用该关系式对未知样品类别进行判别的方法，常用的判别分析方法有距离判别、Fisher 判别、Bayes 判别。

① 距离判别法。

设有两个总体 G_1 和 G_2，$x_1, x_2, \cdots, x_m$ 与 $y_1, y_2, \cdots, y_n$ 分别是来自 G_1 和 G_2 的训练样本，每一个样本的实测指标值有 p 个。

对于样本 $x = (x_1, x_2, \cdots, x_p)^T$，如果 x 与 G_1 的距离 $d(x, G_1)$ 小于 x 与 G_2 的距离 $d(x, G_2)$，则 $x \in G_1$；如果 x 与 G_1 的距离 $d(x, G_1)$ 大于 x 与 G_2 的距离 $d(x, G_2)$，则 $x \in G_2$。如果 G_1 的 m 个样本中被判为 G_2 的个数为 N_{p1}，而 G_2 的 n 个样本中被判为 G_1 的个数为 N_{p2}，则回代误判率 p 为

$$\hat{p} = (N_{p1} + N_{p2}) / (m + n) \tag{3-4}$$

② Fisher 判别法。

设组 $\boldsymbol{\pi}_{ni}$ 的 p 维观测值为 x_{ij}，$i = 1, 2, \cdots, k$，$j = 1, 2, \cdots, n_i$，各组的协方差矩阵相同，即 $\boldsymbol{\Sigma}_1 = \boldsymbol{\Sigma}_2 = \cdots = \boldsymbol{\Sigma}_k = \boldsymbol{\Sigma}$。将这些观测值投影到 p 维常数向量 $\boldsymbol{a}$ 上，投影点的线性组合分别为 $y_{ij} = \boldsymbol{a}' x_{ij}$，$\boldsymbol{a}'$ 为系数，$i = 1, 2, \cdots, k$，$j = 1, 2, \cdots, n_i$。组 $\boldsymbol{\pi}_{ni}$ 中 y_{ij} 的均值 $\bar{\boldsymbol{y}}_i$ 和所有 k 组 y_{ij} 的总均值 $\bar{\boldsymbol{y}}$ 分别为

$$\bar{\boldsymbol{y}}_i = \frac{1}{n_i} \sum_{j=1}^{n_i} y_{ij} = \boldsymbol{a}' \bar{x}_i$$

$$\bar{\boldsymbol{y}} = \frac{1}{n} \sum_{i=1}^{k} \sum_{j=1}^{n_i} y_{ij} = \frac{1}{n} \sum_{i=1}^{k} n_i \bar{\boldsymbol{y}}_i = \boldsymbol{a}' \bar{x}_i$$

式中，

$$n = \sum_{i=1}^{k} n_i$$

$$\overline{x}_i = \frac{1}{n_i} \sum_{j=1}^{n_i} x_{ij}$$

$$\overline{x} = \frac{1}{n} \sum_{i=1}^{k} n_i \overline{x}_i$$

y_{ij} 的组间平方和

$$S_S = \sum_{i=1}^{k} n_i (\overline{y}_i - \overline{y})^2 = \sum_{i=1}^{k} n_i (a'\overline{x}_i - a'\overline{x})^2 = a'Ba$$

$$S_E = \sum_{i=1}^{k} \sum_{j=1}^{n_i} (y_{ij} - \overline{y}_i)^2 = \sum_{i=1}^{k} \sum_{j=1}^{n_i} (a'x_{ij} - a'\overline{x}_i)^2 = a'Ea$$

式中，

$$B = \sum_{i=1}^{k} n_i (\overline{x}_i - \overline{x})(\overline{x}_i - \overline{x})'$$

$$E = \sum_{i=1}^{k} (n_i - 1) S_i = \sum_{i=1}^{k} \sum_{j=1}^{n_i} (x_{ij} - \overline{x}_i)(x_{ij} - \overline{x}_i)'$$

检验统计量为

$$F = \frac{S_S/(k-1)}{S_E/(n-k)} = \frac{a'Ba/(k-1)}{a'Ea/(n-k)}$$

选择 a 使 F 达到最大：

$$\Delta(a) = \frac{S_S}{S_E} = \frac{a'Ba}{a'Ea}$$

即目标变为求 $E^{-1}B$ 最大特征值的问题。

为此，设 $E^{-1}B$ 的全部非零特征值为 $\lambda_1 \geq \lambda_2 \geq \cdots \geq \lambda_s > 0$，相应特征向量为 $t_1, t_2, \cdots, t_{ss}$ （标准化为 $t_i'S_p t_i = 1$，$i = 1, 2, \cdots, s$）满足方程

$$(B - \lambda_i E) t_i = 0, \quad i = 1, 2, \cdots, s$$

则

$$\Delta(t_i) = \frac{t_i'B t_i}{t_i'E t_i} = \frac{t_i'(\lambda_i E t_i)}{t_i'E t_i} = \lambda_i, \quad i = 1, 2, \cdots, s$$

$y_1 = t_1'x$、$y_2 = t_2'x$、$y_3 = t_3'x$、$\cdots$ 为第 1、2、3、$\cdots$ 类的判别式。如果前 r 个判别式累积贡献率已达到设定数值，则取判别规则

$$x \in \pi_l, \quad 若 \sum_{j=1}^{r} (y_j - \overline{y}_{lj})^2 = \min_{1 \leq i \leq k} \sum_{j=1}^{r} (y_j - \overline{y}_{ij})^2 \tag{3-5}$$

式中，$\overline{y}_{ij} = t_j'\overline{x}_i$，$\overline{x}_i = \frac{1}{n} \sum_{j=1}^{n_i} x_{ij}$，$\overline{y}_{ij}$ 为第 j 判别式在组 π_i 的均值，$\sum_{j=1}^{r} (y_j - \overline{y}_{lj})^2$ 为 $y = (y_1, y_2, \cdots, y_r)'$ 到前 r 个判别式在组 π_i 均值 $\overline{y}_i = (\overline{y}_{i1}, \overline{y}_{i2}, \cdots, \overline{y}_{ir})'$ 的平方欧氏距离，$i = 1, 2, \cdots, k$。

③ Bayes 判别法。

将新样品判归为来自概率最大总体的判别法称为 Bayes 判别法。设有 k 个总体 $G_1,G_2,\cdots,$ G_k 的先验概率分别为 $q_1,q_2,\cdots,q_k$，总体密度函数分别为 $f_1(x),f_2(x),\cdots,f_k(x)$。样品 x 来自第 g 个总体的后验概率为

$$P(g/x) = \frac{q_g f_g(x)}{\sum\limits_{i=1}^{k} q_i f_i(x)}, \quad g = 1,\cdots,k \tag{3-6}$$

当

$$P(h/x) = \max_{1 \le g \le k} P(g/x)$$

时，则判 x 来自第 h 个总体。

（2）算例

[例 3-4] 使用 Python 对具有标签 1~3 的数据文件 E:\TumuPy\C03_01.xlsx 实现判别分析。

[算例代码]

```
#1 设置环境与问题说明
#coding:UTF-8
#2 导入相关库
import pandas as pd                    #导入 pandas 库
from sklearn.discriminant_analysis import LinearDiscriminantAnalysis
#3 导入已知数据
df = pd.read_excel(r'E:\TumuPy\C03_01.xlsx', index_col = 0)    #读入文件中的数据
array1 = df.values                     #将 excel 表格数据转化为矩阵
#4 确定训练集
array = array1[0:15,1:7]               #选取矩阵特定的数据
X = array
Y = array1[0:15,7:8]
#5 导入算法
clf = LinearDiscriminantAnalysis(solver = 'svd')
#6 对训练集进行训练
clf.fit(X,Y.ravel())
#7 对测试集进行预测
test = array1[11:12,1:7]
pr = clf.predict(test)
print("预测分类结果:",pr)    #显示预测结果
```

[运行结果]

```
预测分类结果:[3.]
```

3. 朴素贝叶斯分类

（1）理论基础

假设 X 和 Y 分别为输入空间和输出空间上的随机向量，选择损失函数

$$L(\boldsymbol{Y},f(\boldsymbol{X})) = \begin{cases} 1, & \boldsymbol{Y} \neq f(\boldsymbol{X}) \\ 0, & \boldsymbol{Y} = f(\boldsymbol{X}) \end{cases} \tag{3-7}$$

式中，$f(\boldsymbol{X})$ 为分类决策函数。对应期望风险函数为

$$R_{\mathrm{exp}}(f) = E\big[L(\boldsymbol{Y},f(\boldsymbol{X}))\big] \tag{3-8}$$

条件期望为

$$R_{\mathrm{exp}}(f) = E_{\boldsymbol{X}} \sum_{k=1}^{n} \big[L(c_k,f(\boldsymbol{X}))\big]p(c_k \mid \boldsymbol{X}) \tag{3-9}$$

为使期望风险最小化，对 $\boldsymbol{X} = \boldsymbol{x}$ 逐个极小化

$$\begin{aligned} f(\boldsymbol{X}) &= \mathrm{argmin} \sum_{k=1}^{K} \big[L(c_k,y)\big]p(c_k \mid \boldsymbol{X} = \boldsymbol{x}) \\ &= \mathrm{argmin} \sum_{k=1}^{K} p(y \neq c_k \mid \boldsymbol{X} = \boldsymbol{x}) \\ &= \mathrm{argmin}(1 - p(y = c_k \mid \boldsymbol{X} = \boldsymbol{x}) \\ &= \mathrm{argmax}(p(y = c_k \mid \boldsymbol{X} = \boldsymbol{x})) \end{aligned} \tag{3-10}$$

根据期望最小化准则得到后验概率最大化准则

$$f(\boldsymbol{X}) = \mathrm{argmax}\, p(c_k \mid \boldsymbol{X} = \boldsymbol{x}) \tag{3-11}$$

贝叶斯公式为

$$p(B \mid A) = \frac{p(A \mid B)p(B)}{p(A)} = \frac{p(A \mid B)p(B)}{\sum_{k=1}^{K} p(A \mid B_k)p(B_k)} \tag{3-12}$$

对于一个新的样本，属于各个类别的后验概率为

$$p(c_k \mid \boldsymbol{x}) = \frac{p(\boldsymbol{x} \mid c_k)p(c_k)}{p(\boldsymbol{x})}$$

概率最大的类别即为新样本类别。

根据贝叶斯公式，后验概率为

$$\begin{aligned} p(c_k \mid \boldsymbol{x}) &= \frac{p(\boldsymbol{x} \mid c_k)p(c_k)}{p(\boldsymbol{x})} \\ &= \frac{p(c_k) \prod_{j=1}^{n} p(\boldsymbol{x}^{(j)} \mid c_k)}{\sum_{k=1}^{K} p(\boldsymbol{x} \mid c_k)p(c_k)} \\ &= \frac{p(c_k) \prod_{j=1}^{n} p(\boldsymbol{x}^{(j)} \mid c_k)}{\sum_{k=1}^{K} p(c_k) \prod_{j=1}^{n} p(\boldsymbol{x}^{(j)} \mid c_k)} \end{aligned} \tag{3-13}$$

基于后验概率的朴素贝叶斯分类器为

$$y = f(\boldsymbol{x}) = \frac{\underset{c_k}{\text{argmax}} \, p(c_k) \prod\limits_{j=1}^{n} p(\boldsymbol{x}^{(j)} \mid c_k)}{\sum\limits_{k=1}^{K} p(c_k) \prod\limits_{j=1}^{n} p(\boldsymbol{x}^{(j)} \mid c_k)} \quad (3-14)$$

在 sklearn 中，对应于伯努利分布、高斯分布、多项式分布下的朴素贝叶斯分类分别使用模块 naive_bayes. BernoulliNB、naive_bayes. GaussianNB 和 naive_bayes. MultinormalNB。

（2）算例

[例 3-5] 根据 E:\TumuPy\C03_02. csv 中的已知数据，使用 Python 实现朴素贝叶斯分类。

[算例代码]

```
#1 环境设置与问题说明
#coding:UTF-8
#2 导入相关库
from sklearn import preprocessing
import numpy as np
import pandas as pd
from sklearn. metrics import classification_report
from sklearn. model_selection import train_test_split
from sklearn. naive_bayes import MultinomialNB
from sklearn. preprocessing import LabelEncoder
#3 导入已知数据
#3.1 确定特征属性
col_names = ['X1', 'X2', 'X3', 'X4', 'X5', 'X6', 'X7', 'X8']
#3.2 导入数据文件
data = pd. read_csv('E:\TumuPy\C03_02. csv', header=None, names=col_names)
col_numbers = 'X1'        #确定数值型数字
#4 对数据进行预处理
#4.1 把数据集中的字符串转换成数字
for col in col_names:
    if col not in col_numbers:
        data[col] = LabelEncoder( ). fit_transform(data[col])
x, y = data[col_names], data['X8']
#4.2 进行归一化处理
min_max_scaler = preprocessing. MinMaxScaler( )          #设置归一化方法
X_minMax = min_max_scaler. fit_transform(x)              #进行归一化处理
#4.3 确定训练集与测试集
x_train, x_test, y_train, y_test = train_test_split(x, y, test_size=0. 1, random_state=0)
#5 选定学习算法并进行训练
mnb = MultinomialNB( )                                   #使用默认配置初始化朴素贝叶斯
mnb. fit(x_train,y_train)                                #利用训练数据对模型参数进行估计
#6 对新样本进行预测并显示
```

```
y_predict = mnb. predict(x_test)                    #预测
print('朴素贝叶斯准确率为', mnb. score(x_test,y_test))    #显示结果
```

[运行结果]

朴素贝叶斯准确率为 0.5

4. 近邻分类

（1）理论基础

最邻近算法十分简单，这一算法根据含有样本标签和特征的已知样本数据，通过计算新样本与已知数据点之间的距离，找到距离新数据点最近的样本并从中预测标签。其中，在预测目标点时取几个邻近点（即邻近数 K）来预测样本数可以是用户定义的常数（KNN 算法），也可以基于点的局部密度而变化（基于半径的邻居学习）；距离通常可以是任何度量标准（包括标准欧几里得距离、余弦距离、相关度距离、曼哈顿距离等，其中，标准欧几里得距离最为常用）。

sklearn 库提供了模块 neighbors 来使用最邻近算法解决相关问题，具体算法主要包括：KNeighborsClassifier（解决分类的 KNN 算法）、KNeighborsRegressor（解决回归问题的 KNN 算法）、RadiusNeighborsClassifier（基于半径来查找最近邻的分类算法）、NearestNeighbors（基于无监督学习的 KNN 算法）、KDTree（基于 KDTree 来查找最近邻的分类算法）、BallTree（基于 BallTree 来查找最近邻的分类算法）。

（2）算例

[例 3-6]　使用 sklearn 自带的红酒数据集建立近邻分类模型，使用这一模型对新样本数据 $[11.8,4.39,2.39,29,82,2.86,3.53,0.21,2.85,2.8,.75,3.78,490]$ 进行预测。

[算例代码]

```
#1 环境设置与问题说明
#coding:UTF-8
#2 导入相关库
from sklearn. datasets import load_wine
from sklearn. neighbors import KNeighborsClassifier    #KNN 分类算法
from sklearn. model_selection import train_test_split    #训练集与测试集的分割
import numpy as np
#3 导入数据集（红酒数据集）并进行分割
wine_dataset=load_wine()
X_train,X_test,y_train,y_test=train_test_split(wine_dataset['data'],wine_dataset['target'],test_size=
0.2,random_state=0)                              #分割数据集（训练集:测试集 = 8:2）
#4 构建模型
KNN=KNeighborsClassifier(n_neighbors=10)          #指定 k 值
#5 训练模型
KNN. fit(X_train,y_train)
#6 评估模型
```

```
score = KNN. score(X_test, y_test)
print(score)                    #显示模型评估结果
#7 使用已建模型对新数据进行预测
X_wine_test = np. array([[11. 8,4. 39,2. 39,29,82,2. 86,3. 53,0. 21,2. 85,2. 8,. 75,3. 78,490]])
                                #新数据
predict_result = KNN. predict(X_wine_test)
print(predict_result)           #显示预测结果
print("分类结果:{}". format(wine_dataset['target_names'][predict_result]))
```

[运行结果]

```
0. 7222222222222222
[1]
分类结果: ['class_1']
```

5. 集成学习分类

（1）理论基础

单个学习器通常是弱学习器，准确性可能不太高，可以把这些弱学习器组合起来形成一个强学习器。这是集成学习的基本思想。

集成学习是一种技术框架，它本身不是一个单独的机器学习算法，而是通过构建并结合多个机器学习器来完成学习任务，一般是先产生一组"个体学习器"，再用某种策略将它们结合起来。目前，常见集成学习框架有以下几种。

bagging 方式：K 个学习器并行独立工作，从训练集抽取组成每个基模型所需要的子训练集，从训练集中抽样子训练集进行独立训练，然后把结果整合起来。比如，随机森林就是典型的 bagging 方式，底层的弱学习器是决策树。

boosting 方式：K 个学习器串行工作，首先从训练集用初始权重训练出一个弱学习器 1，根据误差率表现来更新训练样本的权重使误差率高的训练样本点权重变高；然后，基于调整权重后的训练集来训练弱学习器 2；如此重复进行，直到弱学习器数达到事先指定的数目 T；将这 T 个弱学习器进行整合，得到最终的强学习器。由于损失函数不同，boosting 算法也有不同的类型，比如，AdaBoost 就是损失函数为指数损失的 boosting 算法。

GBDT（gradient boost decision tree）方式：计算每一次的残差，在残差减少（负梯度）方向上建立一个新的模型。

stacking 方式：将训练好的所有基模型对训练数据集进行预测，将第 j 个基模型对第 i 个训练样本的预测值作为新的训练集中第 i 个样本的第 j 个特征值，最后基于新的训练集进行训练与预测。

可以对不同模型预测结果进行投票，依据少数服从多数最终决定预测结果。sklearn 中提供了一个 Voting Classifier 的算法进行投票，分为硬（Hard）和软（Soft）两种方式。

在集成学习中，如果多个不同模型所占权重一样，取单个学习器结果的平均值作为最终结果，则是随机森林算法。

（2）算例

[例 3-7] 使用命令 make_moons 生成的已知数据，分别使用支持向量机算法、KNN 算

法进行分类，然后分别使用硬方式（投票时少数服从多数）和软方式（投票时不同算法不同权重）的集成学习方法进行分类，并显示分类结果的精确度。

[算例代码]

```
#1 设置计算环境
# coding:UTF-8
#使用进行数据训练和预测
#1 导入相关库
import numpy as np
import matplotlib. pyplot as plt
from sklearn import datasets
#2 创建数据
x,y = datasets. make_moons(n_samples = 500,noise = 0. 3,random_state = 42)#生成数据与样本
from sklearn. model_selection import train_test_split
x_train,x_test,y_train,y_test = train_test_split(x,y,random_state = 42)
#3 导入 sklearn 中的不同机器学习算法
#3.1 支持向量机算法
from sklearn. svm import SVC
svc_reg = SVC()
svc_reg. fit(x_train,y_train)
print(svc_reg. score(x_test,y_test))
#3.2 KNN 算法
from sklearn. neighbors import KNeighborsClassifier
knn_reg = KNeighborsClassifier(n_neighbors = 3)
knn_reg. fit(x_train,y_train)
print(knn_reg. score(x_test,y_test))
#4 使用集成学习硬方式进行训练和预测
from sklearn. ensemble import VotingClassifier
vote_reg = VotingClassifier(estimators = [
    ("svm_cla",SVC()),
    ("knn",KNeighborsClassifier())
],voting = "hard")
vote_reg. fit(x_train,y_train)
print(vote_reg. score(x_test,y_test))
#5 使用集成学习软方式进行训练和预测
from sklearn. ensemble import VotingClassifier
vote_reg1 = VotingClassifier(estimators = [
    ("svm_cla",SVC(probability = True)),
    ("knn",KNeighborsClassifier())
],voting = "soft")
vote_reg1. fit(x_train,y_train)
print(vote_reg1. score(x_test,y_test))
```

[运行结果]

```
0.896
0.896
0.896
0.904
```

上述运行结果分别为支持向量机分类、近邻分类、硬方式、软方式的分类准确度。

[例3-8] 根据 make_moons 生成的已知数据，使用随机森林算法进行集成学习分类训练，显示结果正确性。

[算例代码]

```
#1 设置计算环境
#coding:UTF-8
#2 导入相关库
from sklearn import datasets
from sklearn. model_selection import train_test_split
from sklearn. ensemble import RandomForestClassifier
#3 使用 make_moons 生成样本数据
x,y=datasets. make_moons(n_samples=500,noise=0.3,random_state=42)   #生成数据
#4 将已知数据分成训练集和测试集
x_train,x_test,y_train,y_test=train_test_split(x,y,random_state=42)
#5 利用随机森林算法进行训练与预测
#5.1 设置随机森林算法参数
rf1=RandomForestClassifier(n_estimators=500,random_state=666,oob_score=True,n_jobs=-1)
#5.2 使用随机森林算法进行训练
rf1.fit(x,y)
#5.3 显示分类正确性
print(rf1.oob_score_)
```

[运行结果]

```
0.896
```

3.2.4　回归的 Python 实现

1. 线性回归

（1）理论基础

假设随机变量 Y 与变量 $x_1,x_2,\cdots,x_p$ 有关，对于多元线性回归模型

$$Y=b_0+b_1x_1+\cdots+b_px_p+\varepsilon, \quad \varepsilon \sim \mathrm{N}(0,\sigma^2) \tag{3-15}$$

其中，$b_0,b_1,\cdots,b_p,\sigma^2$ 是与 $x_1,x_2,\cdots,x_p$ 无关的未知参数。

设

$$(x_{11},x_{12},\cdots,x_{1p},y_1),\cdots,(x_{n1},x_{n2},\cdots,x_{np},y_n) \tag{3-16}$$

是样本数据。为使

$$Q = \sum_{i=1}^{n} (y_i - b_0 - b_1 x_{i1} - \cdots - b_p x_{ip})^2 \tag{3-17}$$

达到最小，求 Q 分别关于 b_1，b_2，$\cdots$，b_p 的偏导数并令它们等于零，得

$$\begin{cases} \dfrac{\partial Q}{\partial b_0} = -2 \sum_{i=1}^{n} (y_i - b_0 - b_1 x_{i1} - \cdots - b_p x_{ip}) = 0 \\ \dfrac{\partial Q}{\partial b_j} = -2 \sum_{i=1}^{n} (y_i - b_0 - b_1 x_{i1} - \cdots - b_p x_{ip}) x_{ij} = 0 \end{cases}, j = 1, 2, \cdots, p$$

即

$$\begin{cases} b_0 n + b_1 \sum_{i=1}^{n} x_{i1} + b_2 \sum_{i=1}^{n} x_{i2} + \cdots + b_p \sum_{i=1}^{n} x_{ip} = \sum_{i=1}^{n} y_i \\ b_0 \sum_{i=1}^{n} x_{i1} + b_1 \sum_{i=1}^{n} x_{i1}^2 + b_2 \sum_{i=1}^{n} x_{i1} x_{i2} + \cdots + b_p \sum_{i=1}^{n} x_{i1} x_{ip} = \sum_{i=1}^{n} x_{i1} y_i \\ \vdots \\ b_0 \sum_{i=1}^{n} x_{ip} + b_1 \sum_{i=1}^{n} x_{ip}^2 + b_2 \sum_{i=1}^{n} x_{ip} x_{i2} + \cdots + b_p \sum_{i=1}^{n} x_{ip}^2 = \sum_{i=1}^{n} x_{ip} y_i \end{cases} \tag{3-18}$$

该式写成以下矩阵形式：

$$X'XB = X'Y \tag{3-19}$$

式中，

$$X = \begin{pmatrix} 1 & x_{11} & x_{12} & \cdots & x_{1p} \\ 1 & x_{21} & x_{22} & \cdots & x_{2p} \\ \vdots & \vdots & \vdots & & \vdots \\ 1 & x_{n1} & x_{n2} & \cdots & x_{np} \end{pmatrix}, \quad Y = \begin{pmatrix} y_1 \\ y_2 \\ \vdots \\ y_n \end{pmatrix}, \quad B = \begin{pmatrix} b_0 \\ b_1 \\ \vdots \\ b_p \end{pmatrix}$$

式（3-19）的解为

$$B = (X'X)^{-1} X'Y \tag{3-20}$$

（2）算例

[例 3-9] 已知 $x = [1.0, 2.0, 3.0, 4.0, 5.0, 6.0]$、$y = [1.0, 2.1, 3.2, 4.3, 4.8, 6.2]$，试用 sklearn 对 x、y 之间的关系进行线性回归，显示回归系数。

[算例代码]

```
#1 环境设置与问题说明
# coding:UTF-8
#2 导入相关库
import numpy as np
from matplotlib import pyplot as plt
from sklearn import linear_model
#3 导入已知数据
x = np.array([1.0,2.0,3.0,4.0,5.0,6.0])
y = np.array([1.0,2.1,3.2,4.3,4.8,6.2])
```

```
x, y = x[:,None], y[:,None]        #因为 fit 函数需要 x 和 y 为矩阵,所以对 x 和 y 升维
#4 设置模型
model = linear_model. LinearRegression( )
#5 训练模型
model. fit(x,y)
model. fit(x,y)
#6 使用模型进行预测
x_ = [[3],[4],[5],[6]]
y_ = model. predict(x_)
#7 查看结果(w 和 b)
w, b = model. coef_, model. intercept_
print("系数为:",model. coef_)            #显示计算结果(系数)
print("截距为:",model. intercept_)        #显示计算结果(截距)
y_ = w * x + b                            #拟合的函数
#8 绘制相关图形(原始数据点,拟合的直线)
plt. scatter(x,y)                         #绘制原始数据散点图
plt. plot(x,y_,color="red",linewidth=3.0,linestyle="-")   #线格式的设置
plt. legend(["Data","func"],loc=0)  #图例的设置
plt. show( )                              #显示整个图形
```

[运行结果]

```
系数为:[[1.00571429]]
截距为:[0.08]
```

运行结果见图 3-3。

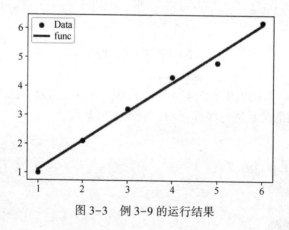

图 3-3　例 3-9 的运行结果

2. 支持向量机回归

（1）理论基础

对于支持向量机回归问题,用非线性映射 φ 将数据 S 映射到一个高维特征空间中,在该特征空间中进行线性回归,然后返回到原始空间 $\mathbf{R}^n$ 中。此时,支持向量机非线性回归的对偶优化问题变为

$$\begin{cases} \min\left\{ -\dfrac{1}{2}\displaystyle\sum_{i,j=1}^{l}(\alpha_i-\alpha_i^*)(\alpha_j-\alpha_j^*)<\phi(x_i),\phi(x_j)>+\sum_{i=1}^{l}(\alpha_i-\alpha_i^*)y_i-\sum_{i=1}^{l}(\alpha_i+\alpha_i^*)\varepsilon\right\} \\ \text{s.t.}\quad \displaystyle\sum_{i=1}^{l}(\alpha_i-\alpha_i^*)=0, 0\le\alpha_i,\alpha_i^*\le C,\quad i=1,2,\cdots,l \end{cases}$$

因此，非线性回归问题的实施步骤如下。

① 寻找一个核函数 $K(s,t)$，使

$$K(x_i,x_j)=<\phi(x_i),\phi(x_j)>$$

② 求优化问题：

$$\begin{cases} \min\left\{ -\dfrac{1}{2}\displaystyle\sum_{i,j=1}^{l}(\alpha_i-\alpha_i^*)(\alpha_j-\alpha_j^*)K(x_i,x_j)+\sum_{i=1}^{l}(\alpha_i-\alpha_i^*)y_i-\sum_{i=1}^{l}(\alpha_i+\alpha_i^*)\varepsilon\right\} \\ \text{s.t.}\quad \displaystyle\sum_{i=1}^{l}(\alpha_i-\alpha_i^*)=0, 0\le\alpha_i,\alpha_i^*\le C,\quad i=1,2,\cdots,l \end{cases}$$

的解 α_i,α_i^*。

③ 计算：

$$b=\begin{cases} y_j+\varepsilon-\displaystyle\sum_{i,j=1}^{l}(\alpha_i-\alpha_i^*)K(x_j,x_i), & \text{当 }\alpha_i\in(0,C) \\ y_j-\varepsilon-\displaystyle\sum_{i,j=1}^{l}(\alpha_i-\alpha_i^*)K(x_j,x_i), & \text{当 }\alpha_i^*\in(0,C) \end{cases}$$

④ 构造非线性函数：

$$f(x)=\sum_{i=1}^{l}(\alpha_i-\alpha_i^*)K(x_j,x)+b,\quad x_i\in\mathbf{R}^n,b\in\mathbf{R}$$

（2）算例

[**例 3-10**] 使用 skleran 自带的糖尿病病人数据集，实现支持向量机回归。

[**算例代码**]

```
#1 设置计算环境
#coding:UTF-8
#2 导入依赖库
import numpy as np
import matplotlib.pyplot as plt
from sklearn import datasets,linear_model,svm
from sklearn.model_selection import train_test_split
#3 编制相关函数
def load_data_regression():                    #加载数据集函数
    diabetes=datasets.load_diabetes()          #使用糖尿病病人数据集
    #拆分成训练集和测试集（测试集大小为原始数据集大小的 1/4）
    return train_test_split(diabetes.data,diabetes.target,test_size=0.25,random_state=0)
def test_SVR_linear(*data):                     #支持向量机非线性回归 SVR 模型的函数
    X_train,X_test,y_train,y_test=data
```

```
        regr = svm. SVR( kernel ='linear')
        regr. fit( X_train, y_train)
        print( 'Coefficients: %s, intercept %s'%( regr. coef_, regr. intercept_))
        print( 'Score: %. 2f' % regr. score( X_test, y_test))
    #4 导入数据集
    X_train, X_test, y_train, y_test = load_data_regression( )
    #5 建立 SVR 模型
    test_SVR_linear( X_train, X_test, y_train, y_test)            # 调用 test_LinearSVR
```

[运行结果]

```
Coefficients: [[ 2. 24127622  -0. 38128702  7. 87018376  5. 21134024  2. 26619436  1. 70869458
    -5. 7746489  5. 51487251  7. 94856847  4. 59359657]], intercept [137. 11011179]
Score: -0. 03
```

3. 决策树回归

（1）理论基础

决策树包含一个根结点、若干个内部结点和若干个叶结点；根结点包含样本全集；叶结点对应于决策结果，其他结点对应于一个属性测试。

决策树学习过程通常包括以下 3 个步骤。

① 特征选择。

从训练数据特征中选择对于训练数据具有分类能力的特征作为当前结点的分裂标准，选择方式通常是信息增益方式。信息增益 $I(X,Y)$ 是信息熵减去条件熵：

$$I(X,Y) = H(X) - H(X|Y) = H(Y) - H(Y|X)$$

$$H(X) = - \sum_{i=1}^{n} P(X = i) \log_2 P(X = i)$$

$$H(X|Y) = \sum_{v \in Y} P(Y = v) H(X|Y = v) \tag{3-21}$$

$$H(X|Y = v) = - \sum_{i=1}^{n} P(X = i|Y = v) \log_2 P(X = i|Y = v)$$

式中，$P(X=i)$ 为随机变量 $X=i$ 时的概率；n 代表事件的 n 种情况；Y 为条件；$P(Y=v)$ 表示 Y 处于 v 条件时的概率；$H(X|Y=v)$ 表示 Y 处于 v 条件时的信息熵。

② 决策树生成。

生成决策树时，根据分裂标准，从上至下递归地生成子结点，直到数据集不可分。构建决策树的算法有 C4.5、ID3 和 CART，其中较为常用的是 ID3 算法和 CART 算法。

ID3 算法从根结点开始，对结点计算所有可能的特征的信息增益，选择信息增益最大的特征作为结点的特征，由该特征的不同取值建立子结点；再对子结点递归地调用以上算法，构建决策树；直到所有特征的信息增益均很小或没有特征可以选择为止，最后得到一个决策树。

CART 算法选择属性的指标则是基尼系数：

$$\mathrm{GINI}(t) = 1 - \sum_k \left[p(c_k | t) \right]^2 \qquad (3\text{-}22)$$

式中，$p(C_k | t)$ 表示结点 t 属于类别 C_k 的概率。

③ 剪枝。

剪枝就是给树瘦身，让树缩小结构规模，减少由于训练集样本过小造成的过拟合现象。决策树常用的剪枝方法有预剪枝（pre-pruning）和后剪枝（post-pruning）。预剪枝是根据一些原则（如指定树的深度、样本数量）及早地停止树增长，后剪枝则是通过在完全生长的树上删除结点分支来实现；为了使决策树达到最好的效果，一般情况下预剪枝和后剪枝同时使用。

（2）算例

[例 3-11]　根据随机生成的数据，使用 Python 实现决策树回归。

[算例代码]

```
#1 设置计算环境
# coding: UTF-8
#2 导入相关库
import matplotlib. pyplot as plt
import numpy as np
from sklearn. tree import DecisionTreeRegressor
#3 创建随机数据集
rng = np. random. RandomState(1)
X = np. sort(5 * rng. rand(80, 1), axis = 0)
y = np. sin(X). ravel()
y[ ::5] += 3 * (0.5 - rng. rand(16))
#4 创建并训练决策树模型
regr_1 = DecisionTreeRegressor(max_depth = 2)
regr_2 = DecisionTreeRegressor(max_depth = 5)
regr_1. fit(X, y)
regr_2. fit(X, y)
#5 使用所建模型对新数据进行预测
X_test = np. arange(0.0, 5.0, 0.01)[ :, np. newaxis]
y_1 = regr_1. predict(X_test)
y_2 = regr_2. predict(X_test)
#6 显示结果图形
plt. figure()
plt. scatter(X, y, s = 20, edgecolor = "black", c = "darkorange", label = "data")
plt. plot(X_test, y_1, color = "cornflowerblue", label = "max_depth = 2", linewidth = 2)
plt. plot(X_test, y_2, color = "yellowgreen", label = "max_depth = 5", linewidth = 2)
plt. xlabel("data")
plt. ylabel("target")
plt. title("Decision Tree Regression")
plt. legend()
plt. show()
```

[运行结果] 见图 3-4。

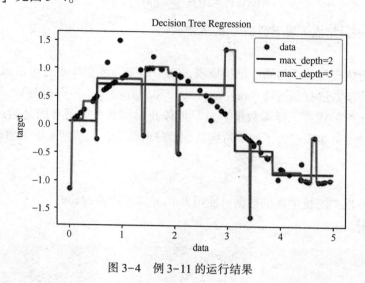

图 3-4　例 3-11 的运行结果

[例 3-12] 使用 sklearn 自带的红酒数据集，实现决策树回归并绘出决策树。
[算例代码]

```
#1 设置计算环境与说明
#coding:UTF-8
#2 导入相关库
from sklearn import tree
from sklearn. datasets import load_wine
import pydotplus
#3 导入已知数据（红酒数据集）
wine = load_wine( )
#4 导入算法并进行训练
clf = tree. DecisionTreeClassifier( )
clf. fit( wine. data, wine. target)
#5 获得决策树数据
dot_data = tree. export_graphviz( clf, out_file = None,
                        feature_names = wine. feature_names,
                        class_names = wine. target_names,
                        filled = True, rounded = True,
                        special_characters = True)
#6 绘制决策树
graph = pydotplus. graph_from_dot_data( dot_data)
#7 将决策树另存为文件 E:\dtree. png
graph. write_png( "E:\dtree. png" )
```

[运行结果] 见图 3-5。

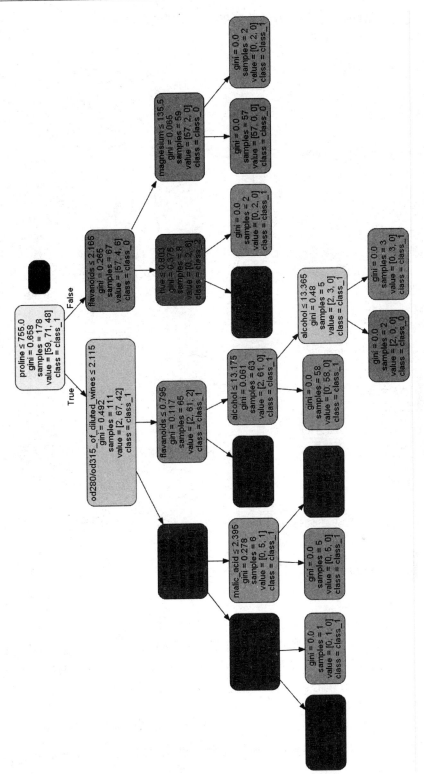

图 3-5　例 3-12 的运行结果

[例 3-13] 使用 sklearn 自带的红酒数据集，实现随机森林回归。
[算例代码]

```
#1 环境设置与问题说明
#coding:UTF-8
#2 导入相关库
from sklearn. tree import DecisionTreeClassifier
from sklearn. ensemble import RandomForestClassifier
from sklearn. datasets import load_wine
from sklearn. model_selection import train_test_split
#3 导入已知数据
wine = load_wine()
#4 将已知数据分割（将含有特征和标签的数据集分成训练集和测试集）
Xtrain, Xtest, Ytrain, Ytest = train_test_split(wine. data, wine. target, test_size = 0. 3)
#5 设置算法并进行训练
clf = DecisionTreeClassifier(random_state = 0)
rfc = RandomForestClassifier(random_state = 0)
clf = clf. fit(Xtrain, Ytrain)
rfc = rfc. fit(Xtrain, Ytrain)
#6 计算并显示测试集上的评价结果
score_c = clf. score(Xtest, Ytest)
score_r = rfc. score(Xtest, Ytest)
print("单棵树正确率:||". format(score_c), "随机森林正确率:||". format(score_r))
```

[运行结果]

```
单棵树正确率:0. 9259259259259259 随机森林正确率:1. 0
```

3.2.5　聚类的 Python 实现

1. K 均值聚类

（1）理论基础

K 均值聚类将 n 个多维数据对象分为 K 个簇（$K \leqslant n$），先任意选取 k 个对象作为初始簇心，采用距离作为相似度指标（距离小说明相似度高），将相似度高的数据对象划分为同一簇，通过迭代计算新簇心，使得新簇心与 n 个值的误差平方和最小，为最终聚类标准。

K 均值聚类算法流程如下：

① 在拥有 n 个数据对象的集合中，确定分簇个数 k，任意选择 k 个簇心作为初始的簇中心；

② 计算每个数据对象到 k 个簇心的距离，选出最为相似的数据对象并将它们划分为一组；

③ 在所有数据对象都划分完毕后，分别对 k 个组重新计算各组内平均值并作为每组的簇心；

④ 循环执行前述②③两个步骤，当数据对象的划分不再发生变化时聚类完毕。

距离的衡量方法有多种。设 x 表示簇中的一个样本点，μ 表示该簇中的质心，n 表示每个样本点中的特征数目，i 表示组成点 x 的每个特征，则该样本点到质心的距离可以由以下距离来度量（分别为欧几里得距离、曼哈顿距离、余弦距离）：

$$d(x,\mu) = \sqrt{\sum_{i=1}^{n} (x_i - \mu_i)^2}$$

$$d(x,\mu) = \sum_{i=1}^{n} (|x_i - \mu|) \tag{3-23}$$

$$\cos\theta = \frac{\sum_{i=1}^{n} (x_i \times \mu)}{\sqrt{\sum_{i=1}^{n} (x_i)^2} \times \sqrt{\sum_{i=1}^{n} (\mu_i)^2}}$$

如采用欧几里得距离，则一个簇中所有样本点到质心的距离的平方和为。

$$CSS = \sum_{j=0}^{m} \sum_{i=1}^{n} (x_i - \mu_i)^2$$

$$TCS = \sum_{i=1}^{k} CSS_i \tag{3-24}$$

式中，m 为一个簇中样本的个数，j 是每个样本的编号。

固定簇数 K 时，最佳质心由最小化总体平方和来求解，进而基于质心进行聚类。

（2）算例

[例 3-14] 使用数据集 load_digits 实现 K 均值聚类。

[算例代码]

```
#1 环境设置与问题说明
#coding：UTF-8
#2 导入相关库
from sklearn import datasets
from sklearn. preprocessing import scale
from sklearn. model_selection import train_test_split
from sklearn import cluster
import matplotlib. pyplot as plt
from sklearn import metrics
from sklearn. metrics import homogeneity_score, completeness_score, v_measure_score, adjusted_rand_
score, adjusted_mutual_info_score, silhouette_score
#3 导入已知数据
digits = datasets. load_digits( )
```

```
#4 对已知数据进行标准化处理
data = scale( digits. data)
#5 将数据分成训练集和测试集
X_train, X_test, y_train, y_test, images_train, images_test = train_test_split( data, digits. target,
digits. images, test_size = 0. 33, random_state = 42)
#6 创建 KMeans 模型
clf = cluster. KMeans( init = 'k-means++', n_clusters = 10, random_state = 42, n_init = 'auto')
#6 训练已建模型
clf. fit( X_train)
#7 对新数据（测试集）进行预测
y_pred = clf. predict( X_test)
#8 显示预测结果（图像像素）
print( y_pred)
```

[运行结果]

```
[8 2 2 3 7 7 9 7 9 7 1 4 5 0 5 7 2 6 2 2 5 9 2 6 9 8 2 9 8 2 5 2 7 5 5 8 2
 5 6 8 8 2 1 2 8 4 2 0 8 9 9 1 2 9 8 0 2 0 0 4 0 5 9 7 5 9 6 0 6 2 2 2 2 6
 6 0 5 9 2 2 2 0 7 2 2 0 8 5 5 2 4 7 4 2 2 7 2 0 5 5 5 2 9 2 4 6 9 4 5 7 6
 6 5 5 4 2 1 6 2 6 7 8 2 4 0 6 7 6 9 4 9 9 6 4 0 8 8 5 7 1 0 2 5 8 2 4 8 2
 0 2 2 8 8 0 8 5 7 2 2 6 6 7 2 0 5 9 1 8 9 6 2 1 5 7 1 2 6 6 7 7 2 2 2 0 2
 1 7 9 8 2 2 5 1 9 3 7 2 8 5 1 2 2 9 6 1 2 5 1 1 9 5 5 2 8 1 2 8 0 5 9 7 6
 4 8 5 9 8 0 2 7 2 8 6 4 2 7 5 6 8 9 1 2 9 1 0 7 1 1 6 9 6 8 7 7 7 2 5 1 9
 2 8 0 2 6 6 0 1 0 5 2 1 9 2 8 0 5 7 0 0 2 8 2 2 6 2 9 2 2 2 1 9 2 2 4 0 9
 1 2 5 0 7 5 8 5 2 5 2 0 9 7 7 2 4 5 1 1 6 0 1 9 7 1 1 4 6 0 8 5 1 1 9 1 1
 5 9 1 3 2 1 8 0 8 7 0 3 2 1 2 9 7 6 6 4 2 6 5 2 6 2 2 8 0 0 2 0 9 0 0 5 4
 7 2 5 9 9 8 2 1 2 1 5 7 2 2 2 1 9 0 8 2 2 3 1 8 5 7 7 4 1 8 5 6 5 1 2 5
 0 9 4 2 5 9 6 8 2 6 0 1 2 3 9 2 6 5 1 7 2 0 6 9 6 2 8 2 2 8 2 2 0 1 2 9 1
 6 6 8 7 8 9 5 7 0 1 6 2 6 0 7 7 2 2 2 6 2 8 2 2 4 7 9 8 2 0 6 7 1 2 8 4 1
 0 0 7 2 2 6 2 2 6 6 4 2 2 5 8 1 7 7 1 1 6 8 2 7 0 5 3 2 2 6 4 2 4 6 1 2 2
 7 6 0 0 7 7 8 4 5 1 2 0 8 6 6 2 8 4 6 0 6 8 2 6 7 5 8 7 2 6 9 2 0 2 2 8 8
 1 2 1 7 2 2 4 6 3 2 2 9 2 6 6 8 2 4 2 9 6 2 9 2 4 1 4 1 7 5 1 6 9 1 1 2 5
 2 0]
```

2. 层次聚类

（1）理论基础

聚类分析是将数据分为若干类的一种多变量统计分析方法，可用于分析样品的类型和特性、样本类别之间的相似性和差异性。

聚类分析的基本思想是在样品之间定义距离，在变量之间定义相似系数，距离和相似系数代表样品或变量之间的相似程度。按相似程度的大小将样品或变量逐一归类，关系密切的类聚到一个小的分类单位，然后逐步扩大，使关系较远的类再聚合到一个大的分类单位，直到所有样品或变量都聚集完毕，形成一个表示亲疏关系的谱系图，进而按照某些规则对样品或变量进行分类。

按聚类对象要求不同,聚类分析有按样品聚类和按变量(指标)聚类两种类型。样品聚类通常称为 Q 型聚类,变量(指标)聚类通常称为 R 型聚类。按聚类方法不同,聚类分析通常有层次聚类和非层次聚类两种类型。层次聚类使用不同的样本距离和类间距离对样品进行聚类,而非层次聚类主要包括 C-均值聚类和模糊 C-均值聚类。

假设共有 n 个样品,第 i 个样品属于类别 $Y=Y_1,Y_2,\cdots,Y_K$ 之一 (K 为类别总数),每一个样品使用 p 个指标 $\{x(i,1),x(i,2),\cdots,x(i,p)\}(i=1,2,\cdots,n)$ 来描述,则所有样本的描述数据组成数据矩阵 $\boldsymbol{X}(=\{x(i,j)\})$。

层次聚类方法首先将 n 个样本中的每一个样本看作一类,再把两个相距最近的样本合成一个新的类别,然后计算新的 $(n-1)$ 个样本或样本组之间的距离,将相距最近的样本或样本组合并为一个新类。重复这一过程,直到所有样本组合为一类。

层次聚类的分类统计量主要包括距离和相似系数。

① 距离。

可以用样品点间的距离来衡量各样品之间的相似程度。样品 x_i 和 x_j 之间的距离 $d(x_i,x_j)$ 有不同的定义,通常有欧氏距离、绝对距离、闵氏距离、切比雪夫距离、方差加权距离、马氏距离等。

欧氏距离

$$d(x_i,x_j)=\left[\sum_{k=1}^{p}(x_{ik}-x_{jk})^2\right]^{1/2}$$

绝对距离

$$d(x_i,x_j)=\sum_{k=1}^{p}|x_{ik}-x_{jk}|$$

闵氏距离

$$d(x_i,x_j)=\left[\sum_{k=1}^{p}(x_{ik}-x_{jk})^m\right]^{1/m}$$

切比雪夫距离

$$d(x_i,x_j)=\sum_{k=1}^{p}|x_{ik}-x_{jk}|$$

方差加权距离

$$d(x_i,x_j)=\left[\sum_{k=1}^{p}\frac{(x_{ik}-x_{jk})^2}{s_k^2}\right]^{1/2},\quad \bar{x}=\frac{1}{n}\sum_{i=1}^{n}x_{ik},\quad s_k^2=\frac{1}{n-1}\sum_{i=1}^{n}(x_{ik}-\bar{x}_k)^2$$

马氏距离

$$d(\boldsymbol{x}_i,\boldsymbol{x}_j)=\left[(\boldsymbol{x}_i-\boldsymbol{x}_j)^T\boldsymbol{S}^{-1}(\boldsymbol{x}_i-\boldsymbol{x}_j)\right]^{1/2}$$

其中,$\boldsymbol{S}$ 是样品 $\boldsymbol{x}_1,\boldsymbol{x}_2,\cdots,\boldsymbol{x}_n$ 的协方差矩阵:

$$\bar{\boldsymbol{x}}=\frac{1}{n}\sum_{i=1}^{n}\boldsymbol{x}_i,\quad \boldsymbol{S}=\frac{1}{n-1}\sum_{i=1}^{n}(\boldsymbol{x}_i-\bar{\boldsymbol{x}})(\boldsymbol{x}_i-\bar{\boldsymbol{x}})^T$$

② 相似系数。

在用 p 个指标变量进行样本聚类时,可以用相似系数来衡量变量之间的相似程度。通常,变量 x_α 和 x_β 之间的相似系数 $c_{\alpha\beta}$ 的绝对值越接近于 1,则这两个变量 x_α 和 x_β 的相似程度就越大。常用相关系数和夹角余弦来定义相似系数。

相关系数　变量 x_α 和 x_β 之间的相关系数定义为

$$r_{\alpha\beta} = \frac{S_{\alpha\beta}}{\sqrt{S_{\alpha\alpha}S_{\beta\beta}}} = \frac{\sum_{i=1}^{n}(x_{i\alpha} - \bar{x}_\alpha)(x_{i\beta} - \bar{x}_\beta)}{\sqrt{\sum_{i=1}^{n}(x_{i\alpha} - \bar{x}_\alpha)^2 \sum_{i=1}^{n}(x_{i\beta} - \bar{x}_\beta)^2}}$$

夹角余弦　变量 x_α 和 x_β 之间的夹角余弦定义为

$$c_{\alpha\beta} = \frac{\sum_{i=1}^{n} x_{i\alpha} x_{i\beta}}{\sqrt{\sum_{i=1}^{n} x_{i\alpha}^2 \sum_{i=1}^{n} x_{i\beta}^2}}$$

为了消除不同指标使用不同量纲的影响，可先对原始数据矩阵 **X** 进行无量纲化处理：

$$x'_{ij} = \frac{x_{jM} - x_{ij}}{x_{jM} - x_{jN}}$$

式中，x_{jM} 和 x_{jN} 分别为第 j 个指标的最大值和最小值。

（2）算例

[**例 3-15**] 试验原始数据取自某工程 26 处的样品（$i=26$），描述样品特性的重要指标选为 10 个，分别为 $x(i,1)$，$x(i,2)$，…，$x(i,10)$，试验结果见表 3-2，相应文件是 "CSV UTF-8（逗号分隔）" 格式的文件 E:\TumuPy\C03_03.csv。试对这些样品进行层次聚类。

表 3-2　试验结果

样品编号	$x(i,1)$	$x(i,2)$	$x(i,3)$	$x(i,4)$	$x(i,5)$	$x(i,6)$	$x(i,7)$	$y(1)$	$y(2)$	$y(10)$
1	2.73	33.6	18.6	0.961	35.0	14.5	17	11.3	0.41	4.54
2	2.73	25.3	19.5	0.754	38.3	16.9	20	11.3	0.45	3.73
3	2.72	23.6	19.8	0.698	33.9	13.8	16	11.6	0.28	5.84
4	2.73	25.9	19.7	0.745	33.6	13.6	18	12.4	0.30	5.62
5	2.73	25.8	19.6	0.752	37.2	16.0	20	12.1	0.29	5.80
6	2.73	32.6	18.6	0.946	37.7	16.4	15	11.0	0.44	4.24
7	2.72	31.5	18.8	0.903	33.9	13.7	15	11.9	0.36	4.99
8	2.73	36.6	18.6	1.005	38.1	16.9	19	12.4	0.52	3.70
9	2.73	25.9	19.5	0.763	37.6	16.4	20	11.6	0.31	5.43
10	2.73	25.9	19.6	0.754	38.0	16.6	18	12.4	0.32	5.31
11	2.73	27.7	19.0	0.835	37.7	16.4	20	11.6	0.44	3.88
12	2.73	35.2	18.6	0.984	38.1	16.7	15	11.3	0.45	4.19
13	2.73	35.0	18.6	0.981	38.4	16.8	17	11.0	0.44	4.36
14	2.73	35.1	18.6	0.983	38.4	16.9	15	13.5	0.48	3.87
15	2.73	36.0	18.1	1.051	37.3	16.1	12	14.0	0.39	5.04
16	2.73	25.5	19.6	0.748	36.8	15.7	20	11.3	0.35	4.79

续表

样品编号	$x(i,1)$	$x(i,2)$	$x(i,3)$	$x(i,4)$	$x(i,5)$	$x(i,6)$	$x(i,7)$	$x(i,8)$	$x(i,9)$	$x(i,10)$
17	2.74	36.1	18.4	1.027	40.7	18.5	12	9.9	0.61	3.12
18	2.74	38.9	18.1	1.103	42.6	19.8	13	9.1	0.68	2.92
19	2.74	36.5	18.0	1.078	39.4	17.6	10	8.5	0.78	2.48
20	2.74	37.8	18.1	1.086	39.8	17.9	12	8.8	0.62	3.14
21	2.74	41.2	17.4	1.223	40.9	18.6	10	10.2	0.81	2.53
22	2.74	37.5	18.1	1.081	39.8	17.9	12	8.3	0.65	3.06
23	2.74	38.4	18.3	1.072	40.8	18.5	10	9.9	0.68	2.81
24	2.74	37.2	18.2	1.066	39.6	17.8	15	10.5	0.58	3.35
25	2.74	37.7	18.3	1.062	40.7	18.5	15	10.2	0.64	3.05
26	2.74	41.6	17.5	1.225	42.9	20.1	16	10.8	0.80	2.61

[算例代码]

```
#1 环境设置与问题说明
#coding:UTF-8
#将表中数据复制、粘贴成"CSV UTF-8（逗号分隔）"格式的文件 E:\TumuPy\C03_03.csv
#2 导入相关库
import numpy as np
import matplotlib.pyplot as plt
import pandas as pd
import scipy.cluster.hierarchy as sch           #导入层次聚类算法
#3 读入已知数据
ourData=pd.read_csv('E:\TumuPy\C03_03.csv')
newData=ourData.iloc[:,[1,10]].values           #确定聚类数据
#4 绘制层次聚类树状图
dendrogram=sch.dendrogram(sch.linkage(newData,method='ward'))   #离差平方和法
plt.xlabel('points')                            #增加横向标签
plt.ylabel('Euclidean distances')               #增加纵向标签
plt.show()
```

[运行结果]　见图 3-6。

3. DBSCAN 聚类算法的实现

（1）理论基础

对某一数据集 D，将样本点分为核心点、边界点、噪声点。若样本 p 的 ε-领域内至少包含 MinPts 个样本（包括样本 p），样本 p 被称为核心点；对于非核心点的样本 b，若 b 在任意核心点 p 的 ε-领域内，则样本 b 被称为边界点；若 b 不在任意核心点 p 的 ε-领域内，则样本 b 称为噪声点。

样本点之间的关系可以分为密度直达、密度可达、密度相连。对于样本点 p 和 q，若 q 处于 p 的 ε-邻域内，当 p 为核心点时，称 q 由 p 密度直达；当 p 和 q 均为核心点时，称 q 由

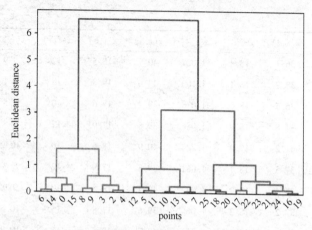

图 3-6 例 3-15 的层次聚类运行结果

p 密度可达；若 p 和 q 均为非核心点且处于同一个簇类，则称 q 与 p 密度相连。

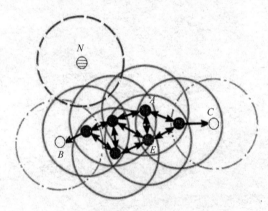

图 3-7 DBSCAN 中数据点的分布

比如，对于数据集中的样本点 N、A、B、C、E（见图 3-7），实心圆是核心点，空心圆是边界点，横纹圆是噪声点。核心点 E 由核心点 A 密度直达，边界点 B 由核心点 A 密度可达，边界点 B 与边界点 C 密度相连，N 为孤单的噪声点。

在使用 DBSCAN（density-based spatial clustering of applications with noise，基于密度对噪声鲁棒的空间聚类算法）进行聚类时，从数据集 D 中随机选择一个核心点作为"种子"，由该"种子"出发确定相应的聚类簇；

如果任意两个样本点是密度直达或密度可达的关系，则将这两个样本点归为同一簇类；待遍历完所有核心点，算法结束。

DBSCAN 主要包含两个参数：两个样本互为邻域时的最小距离、形成簇类所需的最小样本个数。

（2）算例

[例 3-16] 使用 make_circles 生成 5 000 个样本数据，对这些数据进行 DBSCAN 聚类。

[算例代码]

```
#1 环境设置与问题说明
# coding:UTF-8
# 用 sklearn 进行 DBSCAN 聚类
#2 导入相关库
import numpy as np
import matplotlib. pyplot as plt
```

```
from sklearn import datasets
from sklearn. cluster import DBSCAN
from sklearn. metrics. cluster import adjusted_rand_score
#3 形成样本数据
X, y = datasets. make_circles( n_samples = 50000)
X = scaler. fit_transform( X)
#4 设置训练算法
dbscan = DBSCAN( eps = 0. 2, min_samples = 4)
#5 对新数据进行预测
y_pred = DBSCAN( ). fit_predict( X)
#6 将预测点绘制成图
plt. scatter( X[ :, 0], X[ :, 1], c = y_pred)
```

[运行结果] 见图 3-8。

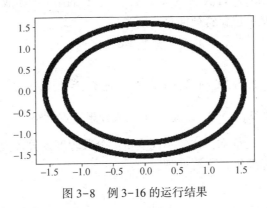

图 3-8　例 3-16 的运行结果

3.2.6　降维的 Python 实现

下面以主成分分析为例来说明降维的 Python 实现。

1. 主成分分析的理论基础

实际问题中，变量太多会增加计算的复杂度，给分析和解释问题带来困难。虽然每个变量都提供了一定信息，但重要性并不相同；同时，变量间可能有一定的相关性。对这些变量加以"改造"，用较少的新变量（主成分）来提供原变量的绝大部分信息，进而使用新变量来分析问题将具有较好的实用价值，这种分析称为主成分分析（principal component analysis, PCA）。PCA 使用核函数通过投影矩阵将高维信息转换到另一个坐标系，通过方差来衡量数据样本在各个方向上投影的分布情况，进而在低维空间对样本进行划分。常用的核函数有多项式、双曲正切、径向基函数和高斯核函数。PCA 的主要作用是提取主成分，摒弃冗余信息，得到压缩后的数据，从而实现维度的下降。

主成分有两种类型，即总体主成分和样本主成分，下面分别说明。

（1）总体主成分

设 X_1, X_2, $\cdots$, X_p 为 p 个随机变量。$\boldsymbol{X} = (X_1, X_2, \cdots, X_p)^{\mathrm{T}}$ 的协方差矩阵为

$$\boldsymbol{\Sigma} = (\sigma_{ij})_{p \times p} = E[(\boldsymbol{X} - E(\boldsymbol{X}))(\boldsymbol{X} - E(\boldsymbol{X}))^{\mathrm{T}}]$$

设

$$\begin{cases} Y_1 = \boldsymbol{l}_1^{\mathrm{T}} \boldsymbol{X} = l_{11} X_1 + l_{12} X_2 + \cdots + l_{1p} X_p \\ Y_2 = \boldsymbol{l}_2^{\mathrm{T}} \boldsymbol{X} = l_{21} X_2 + l_{22} X_2 + \cdots + l_{2p} X_p \\ \vdots \\ Y_p = \boldsymbol{l}_p^{\mathrm{T}} \boldsymbol{X} = l_{p1} X_1 + l_{p2} X_2 + \cdots + l_{pp} X_p \end{cases} \tag{3-25}$$

有

$$\mathrm{Var}(Y_i) = \boldsymbol{l}_i^{\mathrm{T}} \sum \boldsymbol{l}_i, i = 1, 2, \cdots, p$$

$$\mathrm{Cov}(Y_i, Y_j) = \boldsymbol{l}_i^{\mathrm{T}} \sum \boldsymbol{l}_j, j = 1, 2, \cdots, p \tag{3-26}$$

在约束条件

$$\boldsymbol{l}_i^{\mathrm{T}} \boldsymbol{l}_i = 1, \mathrm{Cov}(Y_i, Y_k) = 0, k = 1, 2, \cdots, i-1$$

下，使 $\mathrm{Var}(Y_i)$ 达到最大的 $Y_i = \boldsymbol{l}_i^{\mathrm{T}} \boldsymbol{X}$ 称为 X_1, X_2, $\cdots$, X_p 的第 i 个主成分。

$\boldsymbol{\Sigma}$ 的特征值及其正交单位化特征向量分别为

$$\lambda_1 \geqslant \lambda_2 \geqslant \cdots \geqslant \lambda_p \geqslant 0, \ \boldsymbol{e}_1, \boldsymbol{e}_2, \cdots, \boldsymbol{e}_p$$

则 $\boldsymbol{X}$ 的第 i 个主成分为

$$Y_i = \boldsymbol{e}_i^{\mathrm{T}} \boldsymbol{X} = e_{i1} X_1 + e_{i2} X_2 + \cdots + e_{ip} X_p, i = 1, 2, \cdots, p \tag{3-27}$$

第 k 个主成分的贡献率为 $\lambda_k / \sum_{i=1}^{p} \lambda_i$，前 m 个主成分累计贡献率为 $\sum_{i=1}^{m} \lambda_i / \sum_{i=1}^{p} \lambda_i$。

不同变量通常具有不同量纲，这使不同变量的分散程度差异较大，可采用变量标准化方法（这里使用 Z-Score 标准化）进行处理。

令

$$X_i^* = \frac{X_i - \mu_i}{\sqrt{\sigma_{ii}}}, i = 1, 2, \cdots, p \tag{3-28}$$

其中，$\mu_i = E(X_i)$，$\sigma_{ii} = \mathrm{Var}(X_i)$。这时 $\boldsymbol{X}^* = (X_1^*, X_2^*, \cdots, X_p^*)^{\mathrm{T}}$ 的协方差矩阵

$$\boldsymbol{X} = (X_1, X_2, \cdots, X_p)^{\mathrm{T}}$$

的相关矩阵 $\boldsymbol{\rho} = (\rho_{ij})_{p \times p}$，其中

$$\rho_{ij} = E(X_i^* X_j^*) = \frac{\mathrm{Cov}(X_i, X_j)}{\sqrt{\sigma_{ii} \sigma_{jj}}} \tag{3-29}$$

可以利用 $\boldsymbol{\rho}$ 进行主成分分析。

设 $\boldsymbol{X}^* = (X_1^*, X_2^*, \cdots, X_p^*)^{\mathrm{T}}$ 为标准化的随机向量，$\boldsymbol{\rho}$ 为协方差矩阵，则 $\boldsymbol{X}^*$ 的第 i 个主成分为

$$Y_i^* = (\boldsymbol{e}_i^*)^{\mathrm{T}} \boldsymbol{X}^* = e_{i1}^* \frac{X_1 - \mu_1}{\sqrt{\sigma_{11}}} + e_{i2}^* \frac{X_2 - \mu_2}{\sqrt{\sigma_{22}}} + \cdots + e_{ip}^* \frac{X_p - \mu_p}{\sqrt{\sigma_{pp}}}, i = 1, 2, \cdots, p \tag{3-30}$$

并且

$$\sum_{i=1}^{p} \mathrm{Var}(Y_i^*) = \sum_{i=1}^{p} \lambda_i^* = \sum_{i=1}^{p} \mathrm{Var}(X_i^*) = p \tag{3-31}$$

其中，$\lambda_1^* \geqslant \lambda_2^* \geqslant \cdots \geqslant \lambda_p^* \geqslant 0$ 为 $\boldsymbol{\rho}$ 的特征值，$\boldsymbol{e}_i^* = (e_{i1}^*, e_{21}^*, \cdots, e_{p1}^*)^{\mathrm{T}}$ 为相应于特征值 λ_i^* 的正

交单位特征向量。

第 i 个主成分的贡献率为 λ_i^*/p，前 m 个主成分的累计贡献率为 $\sum_{i=1}^{m}\lambda_i^*/p$。

（2）样本主成分

实际问题中，$\boldsymbol{\Sigma}$ 或 $\boldsymbol{\rho}$ 通常未知，可以通过样本来估计。设

$$\boldsymbol{x}_i = (x_{i1}, x_{i2}, \cdots, x_{ip})^{\mathrm{T}}, i = 1, 2, \cdots, n$$

为取自

$$\boldsymbol{X} = (X_1, X_2, \cdots, X_p)^{\mathrm{T}}$$

的一个容量为 n 的随机样本，则样本协方差矩阵及样本相关矩阵分别为

$$\boldsymbol{S} = (s_{ij})_{p \times p} = \frac{1}{n-1}\sum_{k=1}^{n}(\boldsymbol{x}_k - \bar{\boldsymbol{x}})(\boldsymbol{x}_k - \bar{\boldsymbol{x}})^{\mathrm{T}}, \boldsymbol{R} = (r_{ij})_{p \times p} = \left(\frac{s_{ij}}{\sqrt{s_{ii}s_{jj}}}\right) \tag{3-32}$$

其中

$$\bar{\boldsymbol{x}} = (\bar{x}_1, \bar{x}_2, \cdots, \bar{x}_p)^{\mathrm{T}}, \bar{x}_j = \frac{1}{n}\sum_{i=1}^{n}x_{ij}, s_{ij} = \frac{1}{n-1}\sum_{k=1}^{n}(x_{ki} - \bar{x}_i)(x_{kj} - \bar{x}_j), i, j = 1, 2, \cdots, p$$

可以分别以 $\boldsymbol{S}$ 和 $\boldsymbol{R}$ 作为 $\boldsymbol{\Sigma}$ 和 $\boldsymbol{\rho}$ 的估计，然后按总体主成分分析的方法进行样本主成分分析。

2. 主成分分析的算例

[例 3-17] 14 家企业 8 项指标的数据如表 3-3 所示（已存于文件 E:\TumuPy\C03_04.xlsx，由表中数据复制、粘贴而成），试编制 Python 代码对该数据做主成分分析，求出 $\boldsymbol{x}$ 的特征值、特征向量及主成分的贡献率。

表 3-3　例 3-17 的原始数据

企业序号	x_{i1}	x_{i2}	x_{i3}	x_{i4}	x_{i5}	x_{i6}	x_{i7}	x_{i8}
1	40.4	24.7	7.2	6.1	8.3	8.7	2.442	20.0
2	25.0	12.7	11.2	11.0	12.9	20.2	3.542	9.1
3	13.2	3.3	3.9	4.3	4.4	5.5	0.578	3.6
4	22.3	6.7	5.6	3.7	6.0	7.4	0.176	7.3
5	34.3	11.8	7.1	7.1	8.0	8.9	1.726	27.5
6	35.6	12.5	16.4	16.7	22.8	29.3	3.017	26.6
7	22.0	7.8	9.9	10.2	12.6	17.6	0.847	10.6
8	48.4	13.4	10.9	9.9	13.9	13.9	1.772	17.8
9	40.6	19.1	19.8	19.0	29.7	39.6	2.449	35.8
10	24.8	8.0	9.8	8.9	11.9	16.2	0.789	13.7
11	12.5	9.7	4.2	4.2	4.6	6.5	0.874	3.9
12	1.8	0.6	0.7	0.7	0.8	1.1	0.056	1.0
13	32.3	13.9	9.4	8.3	9.8	13.3	2.126	17.1
14	38.5	9.1	11.3	9.5	12.2	16.4	1.327	11.6

[算例代码]

```
#1 设置计算环境
#coding:UTF-8
```

```
#2 导入依赖库
from sklearn. decomposition import PCA          #用于主成分分析
from sklearn. preprocessing import scale        #用于标准化处理
import pandas as pd                              #用于读取数据
import numpy as np                               #用于数据计算
#3 导入已知数据
#在 Excel 中复制表格中的数据并保存于 csv 格式的文件 E:\TumuPy\C03_04. xls
df = pd. read_excel(r'E:\TumuPy\C03_04. xlsx', index_col=0)   #读取已知数据（令表中第 1 列
为样本标号，即 index_col=0)
data=scale( df. values)                          #进行标准化处理
#4 进行主成分分析
pca=PCA( )    #主成分分析设置（这里取默认值 n_components=8，即取全部成分)
pca. fit( data)                                   #根据协方差矩阵进行主成分分析
#5 显示计算结果
print( pca. explained_variance_)                 #显示特征根
print( pca. explained_variance_ratio_)           #显示解释方差比（贡献率）
print( pca. components_)                          #输出主成分
```

[运行结果]

```
#print( pca. explained_variance_)               #显示特征根 =>
[7. 15575310e+00 6. 41317173e-01 4. 90128504e-01 2. 31601573e-01
1. 34897262e-01 9. 84311767e-03 1. 94344828e-03 1. 18248408e-03]
#print( pca. explained_variance_ratio_)         #显示解释方差比（贡献率）=>
[8. 25663820e-01 7. 39981353e-02 5. 65532890e-02 2. 67232584e-02
1. 55650687e-02 1. 13574435e-03 2. 24244032e-04 1. 36440471e-04]
#print( pca. components_)                        #输出主成分 =>
[[ 3. 15455928e-01  3. 50922549e-01  3. 81285781e-01  3. 79305911e-01
   3. 70935065e-01  3. 67827417e-01  3. 12225186e-01  3. 43095764e-01]
 [ 6. 16979366e-01  3. 73730677e-01 -1. 81302329e-01 -2. 50985666e-01
  -3. 69172697e-01 -4. 13489674e-01  1. 62912485e-01  2. 23595248e-01]
 [-3. 09509178e-01  1. 58330050e-01 -8. 01906663e-02 -5. 44103636e-04
  -1. 38352287e-01 -2. 96244183e-02  8. 44083083e-01 -3. 74445740e-01]
 [-5. 73185771e-01  2. 48097213e-01 -2. 72666616e-01 -1. 32298606e-01
   2. 32799898e-02 -4. 96977573e-02  3. 73036163e-02  7. 16695511e-01]
 [-1. 69485916e-01  7. 97938587e-01  2. 45281097e-02 -1. 21506214e-01
   3. 05345140e-02  1. 41717176e-01 -3. 75478304e-01 -3. 96488432e-01]
 [-1. 02775187e-01  1. 08540552e-01 -1. 47428894e-01  8. 63947354e-01
  -2. 66554049e-01 -3. 44660913e-01 -1. 38119023e-01 -2. 44301100e-02]
 [-2. 05845259e-01 -7. 74079724e-03  7. 62296240e-01 -8. 38679304e-02
  -5. 91586046e-01 -1. 31916743e-02 -4. 01005752e-02  1. 32974796e-01]
 [-1. 17582631e-01  4. 48458926e-02  3. 70864569e-01 -8. 61822755e-02
   5. 33364713e-01 -7. 42517935e-01  2. 09348137e-02 -5. 42788186e-02]]…
```

[结果分析]

特征根为：

7. 16 0. 64 0. 49 …

主成分贡献率为：

0. 83 0. 07 0. 06 …

前三个主成分为：

$y_1 = 0.32 \times x_1 + 0.35 \times x_2 + 0.38 \times x_3 + 0.38 \times x_4 + 0.37 \times x_5 + 0.37 \times x_6 + 0.31 \times x_7 + 0.34 \times x_8$

$y_2 = 0.62 \times x_1 + 0.38 \times x_2 - 0.18 \times x_3 - 0.25 \times x_4 - 0.37 \times x_5 - 0.41 \times x_6 + 0.16 \times x_7 + 0.22 \times x_8$

$y_3 = -0.31 \times x_1 + 0.16 \times x_2 - 0.08 \times x_3 + 0.00 \times x_4 - 0.34 \times x_5 - 0.14 \times x_6 - 0.30 \times x_7 - 0.37 \times x_8$

3. 3　sklearn 的高级应用

3. 3. 1　数据模型的交叉验证

交叉验证是指将原始数据进行分组，将其中一部分作为训练集用来训练模型，将另一部分作为测试集用来评价模型。交叉验证用于评估模型的预测性能，尤其是模型在新数据上的表现，可以在一定程度上减小过拟合，从有限数据中获取尽可能多的有效信息。

[例 3-18]　载入自带数据 load_iris，利用 K 折交叉验证分割数据（将数据分为 5 组，从 5 组数据之中选择不同数据）进行训练。

[算例代码]

```
#1 设置计算环境
# coding: UTF-8
#2 导入依赖库
from sklearn. datasets import load_iris
from sklearn. model_selection import train_test_split
from sklearn. model_selection import cross_val_score
from sklearn. neighbors import KNeighborsClassifier
#3 导入已知数据
iris = load_iris( ) ; X = iris. data ; y = iris. target
#4 将已知数据切割成训练数据和测试数据
X_train, X_test, y_train, y_test = train_test_split( X, y, test_size = 0. 3)
#5 选择近邻分类器，对邻近 5 个点数据进行交叉验证
knn = KNeighborsClassifier( n_neighbors = 5)
scores = cross_val_score( knn, X, y, cv = 5, scoring = 'accuracy')      #评分方式为 accuracy
print( scores)                                                          #每组的评分结果
print( scores. mean( ) )                                                #平均评分结果
```

3. 3. 2　模型参数影响分析

[例 3-19]　载入自带数据 load_iris，利用 K 折交叉验证分割数据（将数据分为 5 组，从

5 组数据之中选择不同数据）进行训练，分析 n_neighbor 对模型最终训练分数的影响。

［算例代码］

```
#1 设置计算环境
#coding:UTF-8
#2 导入依赖库
from sklearn. model_selection import learning_curve
from sklearn. datasets import load_digits
from sklearn. svm import SVC
import matplotlib. pyplot as plt
import numpy as np
#3 导入已知数据
digits=load_digits( ) ; X=digits. data ; y=digits. target
#4 记录学习过程
train_size,train_loss,test_loss=learning_curve(
    SVC(gamma=0. 1) ,X,y,cv=10,scoring='neg_mean_squared_error',
    train_sizes=[0. 1,0. 25,0. 5,0. 75,1]
)
#5 计算损失
train_loss_mean=-np. mean(train_loss,axis=1)
test_loss_mean=-np. mean(test_loss,axis=1)
#6 显示学习过程
plt. figure( )
plt. plot(train_size,train_loss_mean,'o-',color='r',label='Training')
plt. plot(train_size,test_loss_mean,'o-',color='g',label='Cross-validation')
plt. legend('best')
plt. show( )
```

［运行结果］ 见图 3-9。

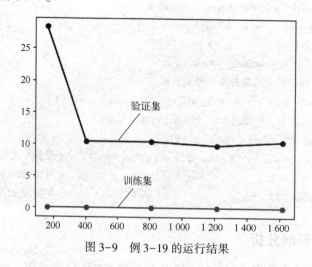

图 3-9　例 3-19 的运行结果

可以看到，n_neighbor 在 12~18 之间评分比较高，可以通过这种方式来选择参数。

[例3-20] 载入自带数据 load_iris，选择 2-fold Cross Validation、Leave-One-Out Cross Validation 等算法来分割数据，评分函数为 neg_mean_squared_error，确定不同参数时的损失函数。

[算例代码]

```
#1 设置计算环境
#coding:UTF-8
#2 导入依赖库
from sklearn. model_selection import    validation_curve
from sklearn. datasets import load_digits
from sklearn. svm import SVC
import matplotlib. pyplot as plt
import numpy as np
#3 导入已知数据
digits = load_digits( ); X = digits. data; y = digits. target
#4 通过改变参数来观察损失函数的变化情况
param_range = np. logspace( -6, -2.3,5)
train_loss, test_loss = validation_curve(
    SVC( ), X, y, param_name = 'gamma', param_range = param_range, cv = 10,
    scoring = 'neg_mean_squared_error'
)
#5 计算损失
train_loss_mean = -np. mean( train_loss, axis = 1)
test_loss_mean = -np. mean( test_loss, axis = 1)
#6 显示学习过程
plt. figure( )
plt. plot( param_range, train_loss_mean, 'o-', color = 'r', label = 'Training')
plt. plot( param_range, test_loss_mean, 'o-', color = 'g', label = 'Cross-validation')
plt. xlabel( 'gamma')
plt. ylabel( 'loss')
plt. legend( loc = 'best')
plt. show( )
```

[运行结果] 见图 3-10。

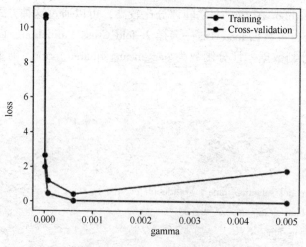

图 3-10　例 3-20 的运行结果

习题 3

1. 简述 sklearn 中学习方法的主要过程。

2. 导入鸢尾花数据集，查看该数据集的维度、特征名称、统计学特性；在对数值属性进行 Z-Score 归一化基础上，利用 K 均值算法完成数据集的聚类，输出聚类结果的正确率。

3. 导入鸢尾花数据集，利用相关决策树算法构建该数据集的决策树，输出测试集分类结果的正确率。

4. 创建一个第 1 列为样本编号（共 20 个样本）、第 2 列为类别、后续第 3~6 列为特性、含有标题的数据集，使用该数据集进行以下操作：

（1）选用第 2~18 行数据进行不同分类方法的训练，预测第 19~20 行样本的类别；

（2）选用第 2~18 行数据进行不同回归方法的训练，分析回归系数；

（3）选用第 1、第 3~5 列数据进行层次聚类分析；

（4）选用所有样本的第 3~6 列数据进行主成分分析。

第 4 章　keras 应用基础

本章要点：

☑ 人工神经网络理论基础；

☑ keras 的人工神经网络基本实现；

☑ keras 的人工神经网络高级实现。

4.1　人工神经网络理论基础

4.1.1　人工神经网络理论及发展

人工神经网络（artificial neural network，ANN）受人脑的运作方式启发，以人脑神经网络研究成果为基础，使用数理方法及信息处理技术对人脑若干基本特性进行简化、抽象与模拟。人工神经网络可以通过模拟人脑的某些机理与机制，针对某个特定问题建立相应的数学模型，采用适当算法，选择合理的数学模型参数（如连接权值、阈值等），最后获得该问题的解。目前人工神经网络模型已达上百种，这类简化模型在模式识别、信号处理、自动控制、人工智能、自适应的人工接口、组合优化、预测预估、故障诊断、医学与经济学等领域均成功地解决了许多实际问题。人工神经网络也常被简称为神经网络或称作连接模型。

人工神经网络的研究始于 20 世纪 40 年代初，近一个世纪以来，其经历了启蒙、萧条、复兴及繁荣发展的曲折道路。1943 年，生理学家 W. S. McCulloch 和数理逻辑学家 W. A. Pitts 以神经细胞生物学为基础提出了第一个用数理语言描述脑的信息处理过程模型——MP 模型，尽管以现在的角度去看该模型过于简单，但它证明了任何有限逻辑表达式都能由 MP 模型组成的人工神经网络来实现，奠定了神经网络模型的基础。1949 年，心理学家 D. Hebb 提出了细胞连接且突触连接可变的假设，根据这一假设提出的连接权训练算法为神经网络的学习算法奠定了基础。20 世纪 60 年代，人工智能的创始人 M. Minsky 和 S. Papert 发表了《感知机》，其悲观论点极大地影响了当时的人工神经网络研究，自此神经网络发展开始了长达 10 年的低潮时期。20 世纪 80 年代，美国物理学家 John J. Hopfield 点燃了神经网络研究的复兴之火。他创造性地概括综合了前人的观点，并在网络中引入物理力学的分析方法，提出了一种新型强有力的 Hopfield 网络模型，证明了在一定条件下神经网络可以到达稳定状态。21 世纪初，海量数据时代的到来使得浅层神经网络（含 1 个或 2 个隐层）逐渐满足不了实际应用的需求。为解决如何处理"抽象概念"这个难题，Hinton 提出了深度学习算法，之后有大量学者开始着手于深度学习的研究，为人工神经网络发展带来了更多的新机会。

4.1.2　人工神经网络特点

人工神经网络是对生物神经网络进行仿真研究而产生的智能信息处理系统。它呈现出生物神经网络的许多基本特征，主要表现在以下几个方面。

（1）自学习与自组织

网络的自学习功能是指在网络中给定输入，当外界环境发生变化时，网络会慢慢地自动调整结构参数，使得最后的输出符合预期。网络的自组织功能是指神经系统在受到外部刺激时，神经元按照一定规则调整突触连接，对网络进行重新构建。自学习与自组织是神经网络重要特征之一——自适应性的组成部分，对预测有特别重要的意义。

（2）联想存储

神经网络可以对外界信息和输入模式进行联想记忆。神经网络的信息记忆通过突触权值和连接结构实现，其分布式存储的性能使得网络能存储较多的信息。神经网络可以通过记忆存储及自适应训练，对原始信息进行恢复，这使得神经网络在图像复原、图像和语音处理、模式识别等方面都具有很好的应用。目前的联想记忆有两种基本形式：自联想记忆与异联想记忆。

（3）高速优化计算

针对某问题设计一个人工神经网络，该网络的状态为求解问题的可变参数，网络的能量函数为目标函数，发挥计算机的高速运算能力，快速找到神经网络稳定状态下的最优解。

（4）非线性及非精确性

神经网络由大量神经元连接且各神经元并行工作使得网络呈现非线性。神经网络既可以处理连续的信息，也可以处理不完全的、模糊的信息，故而得出的解为逼近解而非精确解。

4.1.3　人工神经网络应用领域

神经网络以其独特的优越性受到了人们的广泛关注，其潜力日趋明显。以下简要介绍几个目前神经网络的应用领域。

（1）信息处理领域

神经网络被广泛地应用于模式识别、信号处理、数据压缩。在模式识别方面主要包括静态模式（如文字识别等）和动态模式（如语言识别等）两大类。在信号处理方面主要包括自适应处理（如时间序列预测等）和非线性处理（如非线性预测等）两大类。在数据压缩方面主要体现在存储数据特征，使用时再将其恢复成原始模式。

（2）医学领域

神经网络在生物活性研究、专家系统建立、检测数据分析方面取得了许多进展。如多道脑电棘波检测、分子致癌活性的预测等。

（3）工程领域

目前神经网络在军事工程、交通工程、化学工程、水利工程均取得了不错的成绩。如检测空间卫星状态、汽车刹车自动控制系统、光谱分析、岩土类型识别、工程造价分析、建构筑物沉降预测等。

4.1.4　人工神经网络架构

神经网络是由大量神经元（一个神经元为一个结点）组成，每个神经元通过向与之相邻的神经元发出抑制或激励信号来完成对网络信息的处理。目前应用较广泛的形式神经元模型是由 MP 模型不断改进后形成的，MP 模型对神经元的信息处理机制提出了以下六条假定：

① 每个神经元都是一个多输入单输出的信息处理单元；

② 神经元输入有两种类型，分别是激励性输入和抑制性输入；

③ 神经元具有空间整合特性和阈值特性；

④ 主要由突触延搁决定神经元输入与输出间的固定时滞；

⑤ 忽略时间整合作用和不应期；

⑥ 神经元突触时延和突触强度均为常数。

人工神经网络的一个神经元模型如图 4-1 所示。

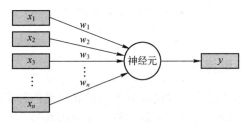

图 4-1　神经元模型示意图

神经网络神经元信息处理机制的数学表达式如下。

$$y = f\left[\left(\sum_{i=1}^{n} w_i x_i\right) - \theta_i\right] \tag{4-1}$$

式中，x_i 为神经元的输入，是神经元所接收到的信息；w_i 为权重（连接强度），正负表示生物神经元中突触的激励和抑制，大小表示突触的连接强度；θ 为阈值；f 为激活函数，通常为非线性函数；y 为神经元的输出。

神经元组成了人工神经网络的三个基本层，分别是输入层（input layer）、隐藏层（hidden layer）和输出层（output layer）。输入层由输入单元组成，从外部接收信息并传递给下一层；隐藏层介于输入层和输出层之间，对接收到的信息进行分析处理并传递给输出层，隐藏层可以有多个具有不同功能的层（4.2 节将详细介绍隐藏层中的神经网络层）；输出层由输出单元组成，用于生成最终结果并输出。神经网络发展至今已经有了多种构建方法，以下简要列出四种常见架构，分别是单输入单输出（single input single output，SISO）、单输入多输出（single input multiple output，SIMO）、多输入单输出（multiple input single output，MISO）及多输入多输出（multiple input multiple output，MIMO），这四种构建方法如图 4-2 所示。

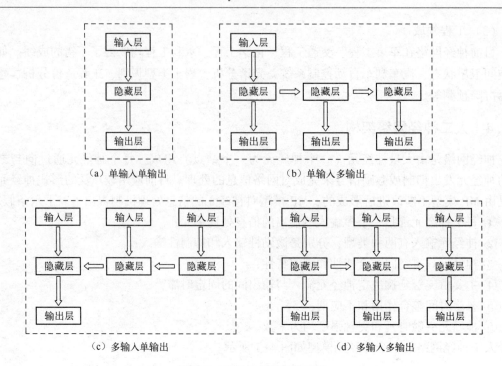

图 4-2　常见的神经网络架构

4.1.5　人工神经网络模型搭建

神经网络模型根据内部信息传递方向可分为前馈和反馈两种类型，神经网络模型搭建包括使用不同的神经网络层、激活函数、损失函数、优化函数等。

1. 前馈神经网络

前馈神经网络是指网络信息从输入层向隐藏层再向输出层逐层传递且一般无反向信息传播的网络结构，该模型将前一层的输出作为下一层的输入，隐藏层和输出层的结点都具有处理信息的能力。常见的前馈神经网络包括全连接神经网络（full connected network，FCN）、卷积神经网络（convolutional neural network，CNN）、生成对抗网络（generative adversarial network，GAN）等，前馈神经网络模型可以由有向无环图表示，如图 4-3 所示。

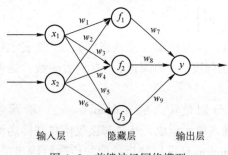

图 4-3　前馈神经网络模型

2. 反馈神经网络

反馈神经网络中所有神经元都能处理信息，既能接受其他神经元的输入，又可以向其他神经元输出。常见的反馈神经网络包括循环神经网络（recurrent neural network，RNN）、长短期记忆神经网络（long-short-term memory neural network，LSTM-NN）、Hopfield 网络等，反馈神经网络模型如图 4-4 所示。

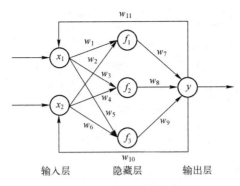

图 4-4　反馈神经网络模型

3. 神经网络层

随着人工神经网络的快速发展，2006 年 Geoffrey Hinton 等人提出了深度学习（deep learning）的概念。深度学习是具有多个神经网络层的学习方法，通过组合很多的简单非线性模块获得。每个模块将一个网络层的输出转换为一个更抽象网络层的输出，当叠加足够多这样的转换组合时，神经网络就可以学习非常复杂的函数。接下来介绍一些常用的神经网络层。

（1）全连接层（Dense 层）

在构建神经网络模型时，第一层通常为全连接层，该层上的每一个结点都与上层的结点相连接，对前面提取到的所有特征进行综合。在 keras 中，Dense 层的完整定义如下：

```
keras. layers. Dense( units, activation = None, use_bias = True,
kernel_initializer = 'glorot_uniform', bias_initializer = 'zeros',
kernel_regularizer = None, bias_regularizer = None, activity_regularizer = None,
kernel_constraint = None, bias_constraint = None, * * kwargs)
```

其中，units 为输出空间的维度，是一个正整数；activation 为激活函数；use_bias 为是否使用偏置项；kernel_initialize 为权值矩阵初始化方法；bias_initializer 为偏置向量初始化方法；kernel_regularizer 为运用到 kernel 权值矩阵的规范化函数；bias_regularizer 为运用到偏置向量的规范化函数；activity_regularizer 为运用到输出结果的规范化函数；kernel_constraint 为权重变化限制函数；bias_constraint 为偏置值变化限制函数。

［例 4-1］在神经网络模型中添加 Dense 层的 Python 实现。

［算例代码］

```
#1 设置环境
#- * - coding：utf-8 - * -
#2 导入相关模块
import tensorflow as tf
import keras. layers
#3 构建序列模型
model = tf. keras. models. Sequential( )
#3.1 输入数组维度(None,16)
```

```
model. add( tf. keras. Input(shape = (16,)))
#3.2 添加 Dense 层，激活函数选择 ReLU 函数
model. add( tf. keras. layers. Dense( 32, activation = 'relu'))
#4 显示模型网络层参数
print( model. summary( ))
```

[运行结果]

Model："sequential"

Layer（type）	Output Shape	Param #
dense（Dense）	（None, 32）	544

结果表明，神经网络 Dense 层输出数组形状为（None, 32），None 为 batch（批次），32 为输出数组维度；参数个数为 544，是（输入数组维度+1）与神经元个数的乘积，即(16+ 1)×32。

（2）Dropout 层

全连接层由于数据量过于庞大，容易造成网络过拟合，通常会在全连接层后添加 Dropout 层。Dropout 层按一定比例对全连接层的神经元进行随机丢弃，每批次（mini-batch）训练的网络都不同，提高了模型的泛化能力。在 keras 中，Dropout 层的完整定义如下：

```
keras. layers. Dropout(rate, noise_shape = None, seed = None)
```

其中，rate 为模型神经元随机丢弃的比例，是一个 0 ~ 1 的浮点数；noise_ shape 为二进制掩码的形状，通常为默认值；seed 为随机种子数。

[例 4-2] 神经网络模型中添加 Dropout 层的 Python 实现。

[算例代码]

```
#1 设置环境
#- * - coding: utf-8 - * -
#2 导入相关模块
import numpy as np
import tensorflow as tf
#3 设置全局随机种子数
tf. random. set_seed(0)
#4 添加 Dropout 层，丢弃率设置为 0.5
layer = tf. keras. layers. Dropout(.5, input_shape = (5,))
#4.1 定义数据集，0-13 顺序排列，矩阵大小为 2×7
data = np. arange(14). reshape(2, 7). astype( np. float32)
#4.2 显示数据集
print( data)
#5 显示输出结果
outputs = layer( data, training = True)
print( outputs)
```

[运行结果]

```
[[ 0. 1. 2. 3. 4. 5.6. ]
 [ 7. 8. 9. 10. 11. 12. 13. ]]
tf. Tensor(
[[ 0. 0. 4. 6.0. 10. 0. ]
 [14.16. 0. 20. 22. 24. 0. ]], shape=(2, 7), dtype=float32)
```

（3）卷积层（Convolutional，Conv 层）

在目前主流的图像处理神经网络模型中，卷积层是应用最广泛的神经网络层。keras 提供了一维、二维、三维的卷积层等，其中一维卷积层主要应用于时序数据，三维卷积层主要应用于立体空间数据，二维卷积层应用于图像数据，这里简要介绍二维卷积层（Conv2D）。在 keras 中，Conv2D 层的完整定义如下：

```
keras. layers. Conv2D( filters, kernel_size, strides=(1,1), padding='valid',
data_format=None, dilation_rate=(1,1), groups=1, activation=None, se_bias=True,
kernel_initializer='glorot_uniform', bias_initializer='zeros',
kernel_regularizer=None, bias_regularizer=None, activity_regularizer=None,
kernel_constraint=None, bias_constraint=None, * * kwargs)
```

其中，filters 为卷积核的个数，即输出空间的维度；kernel_size 为卷积窗口的宽度和高度，可以是整数或元组；strides 为卷积每一步移动的步长，可以是整数或元组；padding 为填充，取值为"valid"或"same"；data_format 为输入中维度的顺序；dilation_rate 为膨胀卷积的膨胀率，可以是整数或元组；groups 为输入沿通道轴拆分的组数，是一个正整数；其余参数同 Dense 层。

卷积层输出计算公式如下：

$$X=\frac{(N-f+2p)}{S}+1 \tag{4-2}$$

式中，X 为输出矩阵大小，N 为输入矩阵大小，f 为卷积核大小，S 为步长，p 为填充大小；若 X 数值为小数，则向下取值。

[例 4-3]　在神经网络模型中添加 Conv2D 层的 Python 实现。

[算例代码]

```
#1 设置环境
#-*- coding: utf-8 -*-
#2 导入相关模块
from keras. models import Sequential
from keras. layers import Conv2D
#3 构建序列模型
model=Sequential( )
#3.1 添加二维卷积层，激活函数选择 ReLU 函数
model. add(Conv2D(kernel_size=(5, 5), activation="relu", filters=16, strides=(3, 3), input_
shape=(32, 32, 1)))
```

```
#4 显示模型网络层参数
print(model.summary())
```

[运行结果]

Model："sequential"		
Layer（type）	Output Shape	Param #
conv2d（Conv2D）	（None, 10, 10, 16）	416

结果表明，神经网络 Conv2D 层输出数组形状为（None, 10, 10, 16），None 为 batch（批次），10 通过式（4-2）计算获得，16 为卷积核个数；参数个数为 416，是（卷积核长度×卷积核宽度×通道数+1）与卷积核个数的乘积，即$(5×5×1+1)×16$。

（4）池化层（Pooling 层）

池化层也称为抽样层，神经网络模型通常在卷积层后设置一个池化层，通过降低特征维度防止网络出现过拟合现象。常见的池化方式有均值池化和最大池化，均值池化是将卷积后图像区域中的特征平均值作为该区域的整体特征，最大池化是将卷积后图像区域中的特征最大值作为该区域的整体特征。这里简要介绍二维池化层（Pooling2D）。在 keras 中，Pooling2D 层的完整定义如下：

```
keras.layers.MaxPooling2D(pool_size=(2, 2), strides=None, padding='valid',
    data_format=None, **kwargs)
```

其中，pool_size 为池化窗口的大小，默认值为（2, 2）；strides 为池化窗口进行滑动的步长，可以是一个整数、元组或 None；valid 为没有填充；其余参数同 Conv2D 层。

[例 4-4] 神经网络模型中添加 Pooling2D 层的 Python 实现。
[算例代码]

```
#1 设置环境
#-*- coding: utf-8 -*-
#2 导入相关模块
from keras.models import Sequential
from keras.layers import Conv2D
from keras.layers import MaxPooling2D
#3 构建序列模型
model=Sequential()
#3.1 添加二维卷积层，激活函数选择 ReLU 函数
model.add(Conv2D(kernel_size=(5, 5), activation="relu", filters=16, strides=(3, 3), input_
shape=(32, 32, 1)))
#3.2 添加池化层，选择最大池化
model.add(MaxPooling2D((3, 3), strides=(2, 2), padding='same'))
#4 显示输出数组
print(model.summary())
```

[运行结果]

```
Model："sequential"
Layer（type）              Output Shape           Param #
conv2d（Conv2D）          （None, 10, 10, 16）     416
max_pooling2d（MaxPooling2D）  （None, 5, 5, 16）      0
```

结果表明，神经网络 Pooling 层输出数组形状为（None, 5, 5, 16），None 为 batch（批次），5 默认为上一层的一半，16 为卷积核个数；参数个数为 0，池化层只是对数据进行降维并不改变参数。

（5）批归一化层（BN 层）

为了加快神经网络梯度下降训练过程的收敛速度，2015 年 Ioffe 等人提出批归一化（batch normalization，BN）概念。BN 层通过引入两个和神经网络训练参数一起训练的参数（β、γ），使每一层的输入具有相同和稳定的分布，从而保留了神经网络的表征能力。在 keras 中，BN 层的完整定义如下：

```
keras. layers. BatchNormalization（axis = -1, momentum = 0. 99, epsilon = 1e-3, center = True,
scale = True, beta_initializer = 'zeros',
gamma_initializer = 'ones', moving_mean_initializer = 'zeros',
moving_variance_initializer = 'ones', beta_regularizer = None, gamma_regularizer = None,
beta_constraint = None, gamma_constraint = None,
renorm = False, renorm_clipping = None, renorm_momentum = 0. 99,
fused = None, trainable = True, virtual_batch_size = None,
adjustment = None, name = None, * * kwargs）
```

其中，axis 为标准化的轴，通常是特征轴；超参数 momentum 为移动均值和移动方差的动量值；epsilon 避免分母为零；center 为是否在标准化张量中添加偏移量；scale 为缩放；beta_initializer 为 beta（β）权重的初始化器；gamma_initializer 为 gamma（γ）权重的初始化器；moving_mean_initializer 为移动均值的初始化器；moving_variance_initializer 为移动方差的初始化器；beta_regularizer 为 beta 权重的正则化函数；gamma_regularizer 为 gamma 权重的正则化函数；beta_constraint 为 beta 权重的约束函数；gamma_constraint 为 gamma 权重的约束函数；renorm 为是否使用批再标准化；renorm_clipping 为是否缩放张量；renorm_momentum 为更新移动均值和标准差的动量；fused 为是否使用融合实现；trainable 为张量是否可训练；virtual_batch_size 为是否在整个批次中执行批次标准化；adjustment 为选择对标准化后结果进行调整的方法。

BN 层计算公式如下，先计算批数据的均值：

$$\mu_B = \frac{1}{m} \sum_{i=1}^{m} x_i \tag{4-3}$$

再计算批数据的方差：

$$\sigma_B^2 = \frac{1}{m} \sum_{i=1}^{m} (x_i - \mu_B)^2 \tag{4-4}$$

对每个样本进行归一化，为了防止均值为 0，添加一个极小的数值 ε，通常取为 10^{-5}：

$$n_i = \frac{x_i - \mu_B}{\sqrt{\sigma_B^2 + \varepsilon}} \tag{4-5}$$

得出线性变换后的单样本输出，γ、β 为线性变换参数：

$$y_i = \gamma n_i + \beta \tag{4-6}$$

式中，i 为样本序号，n_i 为归一化后的输入数据，y_i 为线性变换后的输出数据。

[**例 4-5**] 在神经网络模型中添加 BN 层的 Python 实现。

[**算例代码**]

```
#1 设置环境
#- * - coding: utf-8 - * -
#2 导入相关模块
import tensorflow as tf
from tensorflow. keras. layers import Dense, BatchNormalization, Activation
#3 构建序列模型
model = tf. keras. Sequential( )
#3.1 添加 Dense 层，输入数据维度
model. add( Dense( 64, input_shape = ( 207, ) ) )
#3.2 添加激活函数
model. add( Activation( 'relu') )
#3.3 添加 BN 层
model. add( BatchNormalization( ) )
#3.4 输出层添加激活函数 softmax
model. add( Dense( 16, activation = 'softmax') )
#4 打印模型网络层参数
print( model. summary( ) )
```

[**运行结果**]

Model："sequential"

Layer（type）	Output Shape	Param #
dense（Dense）	（None, 64）	13312
batch_normalization（BatchNo	（None, 64）	256
dense_1（Dense）	（None, 16）	1040

结果表明，神经网络 BN 层输出数组形状为（None, 64），None 为 batch（批次），64 为输入数据维度；参数个数为 256。

（6）展平层（Flatten 层）

展平层在不影响批量大小的情况下对输入数据进行展平，通常放置在卷积层和全连接层中间。在 keras 中，Flatten 层的完整定义如下：

```
keras. layers. Flatten( data_format = None)
```

其中，data_format 为输入中维度的顺序。

[**例 4-6**] 神经网络模型中添加 Flatten 层的 Python 实现。

[**算例代码**]

```
#1 设置环境
# - * - coding：utf-8 - * -
#2 导入相关模块
import tensorflow as tf
from keras. layers import Flatten
#3 构建序列模型
model = tf. keras. Sequential( )
#3. 1 添加二维卷积层
model. add( tf. keras. layers. Conv2D( 64, 3, 3, input_shape = ( 3, 32, 32), padding = 'same') )
#3. 2 添加展平层
model. add( Flatten( ) )
#4 显示模型网络层参数
print( model. summary( ) )
```

[**运行结果**]

Model："sequential"		
Layer（type）	Output Shape	Param #
conv2d（Conv2D）	（None, 1, 11, 64）	18496
flatten（Flatten）	（None, 704）	0

结果表明，神经网络 Flatten 层输出数组形状为（None, 704），None 为 batch（批次），704 为多维度的乘积，即 1×11×64；参数个数为 0。

4. 激活函数

神经网络数学模型的不同主要在于使用了不同的激活函数，在不同的神经网络层中加入激活函数可以对前一层的线性输出进行非线性激活处理，从而可以模拟任意函数，增强网络的表征能力。以下简要介绍常用的三种激活函数。

（1）阈值型激活函数

所采用的函数如图 4-5 所示。

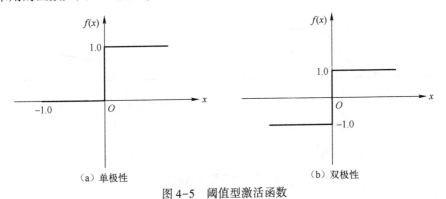

（a）单极性　　　　　　　　　　　（b）双极性

图 4-5　阈值型激活函数

其表达式如下：

$$f(x) = \begin{cases} 1 & x \geqslant 0 \\ 0 & x < 0 \end{cases} \tag{4-7}$$

式中，自变量 x 代表 $\left(\sum\limits_{i=1}^{n} \omega_i x_i\right) - \theta_i$。当 $x \geqslant 0$ 时，神经元处于激励状态，输出 1；当 $x < 0$ 时，神经元处于抑制状态，输出 0。MP 模型就是这种最简单的阈值型神经元模型。

（2）分段线性激活函数

该函数曲线如图 4-6 所示。

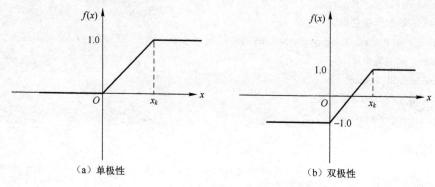

（a）单极性　　　　　　　（b）双极性

图 4-6　分段线性激活函数

单极性分段线性激活函数如下：

$$f(x) = \begin{cases} 0 & x \leqslant 0 \\ kx & 0 < x \leqslant x_k \\ 1 & x > x_k \end{cases} \tag{4-8}$$

式中，k 为线性段的斜率。该类激活函数具有分段线性的特点，也常被称为伪线性函数。

（3）非线性激活函数

Sigmoid 函数代表了状态连续型神经元模型，最常用的是单极性 Sigmoid 函数。Sigmoid 函数简称为 S 型函数，其函数本身及导数都是连续的。S 型函数的曲线如图 4-7 所示。

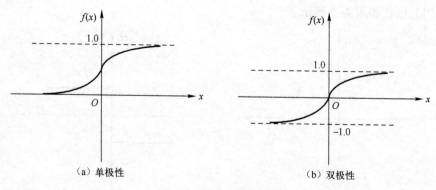

（a）单极性　　　　　　　（b）双极性

图 4-7　非线性激活函数

单极性函数定义如下：

$$f(x) = \frac{1}{1+e^{-x}} \qquad (4-9)$$

有时也采用双极性 S 型激活函数（双曲正切）：

$$f(x) = \frac{1}{1+e^{-x}} - 1 = \frac{1-e^{-x}}{1+e^{-x}} \qquad (4-10)$$

（4）线性整流激活函数

ReLU（rectified linear unit）函数将模型负区域的取值归为 0，使神经网络模型具有稀疏性，可有效地解决梯度消失问题。该函数曲线如图 4-8 所示。

函数定义如下：

$$f(x) = \begin{cases} x & x>0 \\ 0 & x \leq 0 \end{cases} \qquad (4-11)$$

式中，当 $x>0$ 时，输出值随着 x 的增大而增大且导数恒为 1，加快了模型的收敛速度；当 $x \leq 0$ 时，输出值与导数恒为 0，一方面提升了模型的泛化能力，另一方面会造成样本信息缺失。

（5）归一化指数函数

Softmax 函数将各个输出结点的输出值范围映射到 [0，1]，且所有结点输出值（即概率）的和为 1，Softmax 函数是 Sigmod 函数的推广。该函数曲线如图 4-9 所示。

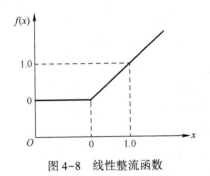

图 4-8　线性整流函数　　　　　　图 4-9　归一化指数函数

函数定义如下：

$$S_i = \frac{e^{vi}}{\sum_{j}^{C} e^{vj}} \qquad (4-12)$$

式中，S_i 为第 i 个结点的输出值（概率），v 为第 i 个结点的得分，j 为第 j 个结点的输出，C 为结点总数。

5. 损失函数

损失函数一般用于模型的参数估计，可以评估样本的真实值和模型预测值之间的不一致程度，因此，损失函数通常也可以作为网络模型的评估指标。根据损失函数不同的度量方式，可以将主要的损失函数分为基于距离度量和基于概率分布度量的函数。接下来在基于距离度量和基于概率分布度量两类损失函数情况下简要介绍几个常见的损失函数。

（1）基于距离度量的损失函数

将输入数据映射到特征空间上，并将映射后的数据看作是空间上的点，选择合适的损失函数度量空间上真实值和预测值两点之间的距离，距离越小，模型预测性能越好。这类损失函数常见的有平方损失函数和绝对损失函数。

平方损失函数计算方便、逻辑清晰、评估误差较准确并可求得全局最优解，因此受到了广泛关注，其演化形式也很多。常见的有和方误差函数（sum squared error，SSE）、均方误差函数（mean squared error，MSE）、均方根误差函数（root mean squared error，RMSE）、L2损失（L2 loss）函数。

平方损失函数标准形式如下：

$$E = (Y - f(x))^2 \tag{4-13}$$

式中，E 为损失值，Y 为样本真实值，$f(x)$ 为输出预测值。

和方误差函数表达式如下：

$$SSE = \sum_{i=1}^{n} (Y_i - f(x_i))^2 \tag{4-14}$$

式中，n 为样本个数。

均方误差函数表达式如下：

$$MSE = \frac{1}{n} \sum_{i=1}^{n} (Y_i - f(x_i))^2 \tag{4-15}$$

均方根误差函数表达式如下：

$$RMSE = \sqrt{\frac{1}{n} \sum_{i=1}^{n} (Y_i - f(x_i))^2} \tag{4-16}$$

L2损失函数表达式如下：

$$L2 = \sqrt{\sum_{i=1}^{n} (Y_i - f(x_i))^2} \tag{4-17}$$

绝对损失函数是最常见的损失函数，不仅形式简单，且能很好地表达真实值与预测值之间的距离，常见的有平均绝对误差函数（mean absolute error，MAE）、平均相对误差函数（mean relative error，MRE）、L1损失（L1 loss）函数。

绝对损失函数标准形式如下：

$$E = |Y - f(x)| \tag{4-18}$$

式中，E 为损失值，Y 为样本真实值，$f(x)$ 为输出预测值。

平均绝对误差函数表达式如下：

$$MAE = \frac{1}{n} \sum_{i=1}^{n} |Y_i - f(x_i)| \tag{4-19}$$

平均相对误差函数表达式如下：

$$MRE = \frac{1}{n} \sum_{i=1}^{n} \frac{|Y_i - f(x_i)|}{Y_i} \tag{4-20}$$

L1损失函数表达式如下：

$$L1 = \sum_{i=1}^{n} |Y_i - f(x_i)| \tag{4-21}$$

（2）基于概率分布度量的损失函数

度量样本真实分布与估计分布之间的距离，判断两者的差异，常用于分类问题。这类损失函数常见的有对数损失函数和交叉熵损失函数。

对数损失函数使用了极大似然估计的思想，为保证损失的非负性，对数损失形式为对数的负值。常见的有逻辑回归损失函数和 Softmax 损失函数。

对数损失函数标准形式如下：

$$E = -\ln\left[P(Y|X) \right] \tag{4-22}$$

式中，$P(Y|X)$ 为样本 x 在类别 y 情况下的概率。

逻辑回归损失函数表达式如下：

$$L(y, P(Y=y|x)) = \begin{cases} \ln(1+e^{(-f(x))}) & y=1 \\ \ln(1+e^{(f(x))}) & y=0 \end{cases} \tag{4-23}$$

式中，y 为样本真实的概率分布，$f(x)$ 为预测的概率分布。

Softmax 损失函数表达式如下：

$$\text{Softmax} = -Y\ln\left(\text{Softmax}(Y, f(x)) \right) \tag{4-24}$$

交叉熵损失函数用于评估所得概率分布与真实分布的差异情况，常见的有平均交叉熵损失函数（mean cross entropy error，MCEE）和二分类交叉熵损失函数（binary cross entropy error，BCEE）。

交叉熵损失函数标准形式如下：

$$E = -\sum_{i=1}^{N} \sum_{j=1}^{C} p_{ij}\ln q_{ij} \tag{4-25}$$

式中，N 为真实的类别数，C 为预测的类别数，p_{ij} 为真实的概率分布，q_{ij} 为预测的概率分布。

平均交叉熵损失函数表达式如下：

$$\text{MCEE} = -\frac{1}{n}\sum_{i=1}^{1} Y_i\ln a_i \tag{4-26}$$

式中，n 为样本数量，Y_i 为真实的概率分布，a_i 为预测的概率分布。

二分类交叉熵损失函数表达式如下：

$$\text{BCEE} = -\frac{1}{n}\sum_{i=1}^{n} \left[Y_i\ln a_i + (1-Y_i)\ln(1-a_i) \right] \tag{4-27}$$

6. 优化函数

为了更高效地优化网络结构，使损失函数达到最小，需要选择最合适的优化函数，常见的优化函数有批量梯度下降优化函数（batch gradient descent，BGD）、随机梯度下降优化函数（stochastic gradient descent，SGD）、均方根传递优化函数（root mean square prop，RMSprop）、适应性矩估计优化函数（adaptive moment estimation，Adam）。

（1）BGD 优化函数

BGD 优化函数利用训练集的所有样本一次性计算目标函数对更新参数的偏导（即梯度），其参数更新表达式如下：

$$\theta = \theta - \eta \cdot \nabla_\theta J(\theta) \tag{4-28}$$

式中，η 为学习率。

大训练集可能存在相似样本，使用 BGD 优化函数会出现冗余，而相比于 BGD 优化函数，SGD 优化函数对训练集中每个样本进行梯度更新，没有冗余且计算速度快。虽然 SGD 优化函数计算速度快，但因为更新频率快目标函数容易发生震荡，其参数更新表达式如下：

$$\theta = \theta - \eta \cdot \nabla_\theta J(\theta; x^{(i)}; y^{(i)}) \tag{4-29}$$

（2）RMSprop 优化函数

RMSprop 优化函数旨在消除梯度下降的震荡，其梯度更新规则如下。

首先更新步数：

$$t = t + 1 \tag{4-30}$$

计算目标函数对更新参数的梯度：

$$g_t = \nabla_\theta f_t(\theta_{t-1}) \tag{4-31}$$

式中，带有参数的目标函数一般为损失函数，梯度 g_t 通过目标函数对参数求偏导所得。

计算梯度平方的期望：

$$E[g^2]_t = 0.9E[g^2]_{t-1} + 0.1g_t^2 \tag{4-32}$$

RMSprop 优化器的参数更新表达式如下：

$$\theta_{t+1} = \theta_t - \frac{\eta}{\sqrt{E[g^2]_t + \varepsilon}} g_t \tag{4-33}$$

式中，η 为学习率，ε 为防止分母为 0 添加的一个极小的数值，一般为 10^{-8}。

（3）Adam 优化函数

Adam 优化函数是一种自适应动量的随机优化方法，它结合了自适应学习率的梯度下降优化函数和动量梯度下降优化函数的优点，既能适应稀疏梯度，又能缓解梯度震荡，其梯度更新规则如下。

首先更新步数：

$$t = t + 1 \tag{4-34}$$

计算目标函数对更新参数的梯度：

$$g_t = \nabla_\theta f_t(\theta_{t-1}) \tag{4-35}$$

式中，带有参数的目标函数一般为损失函数，梯度 g_t 通过目标函数对参数求偏导所得。

一阶矩（m_t）和二阶矩（v_t）为：

$$m_t = \beta_1 m_{t-1} + (1-\beta_1)g_t \tag{4-36}$$

$$v_t = \beta_2 v_{t-1} + (1-\beta_2)g_t^2 \tag{4-37}$$

式中，一阶矩即梯度的期望，二阶矩即梯度平方的期望，超参数 β_1、β_2 分别为一阶矩和二阶矩的衰减系数，设定值一般为 0.9 和 0.999。

考虑到一阶矩和二阶矩在零初始值情况下向 0 偏置，计算一阶矩和二阶矩的偏置校正：

$$\hat{m}_t = \frac{m_t}{1-\beta_1^t} \tag{4-38}$$

$$\hat{v}_t = \frac{v_t}{1-\beta_2^t} \tag{4-39}$$

Adam 优化器的参数更新表达式如下：

$$\theta_{t+1} = \theta_t - \frac{\eta}{\sqrt{\hat{v}_t} + \varepsilon} \hat{m}_t \tag{4-40}$$

式中，η 为学习率，ε 为防止分母为 0 添加的一个极小的数值，一般为 10^{-8}。

7. 学习过程

神经网络的学习是指神经网络经过一段时间的训练，不断调整网络的连接权值（权重）以得到期望的输出。日常使用中，学习和训练两个词常被混用，这是因为神经网络是通过训练来学习的。接下来以一个算例直观地介绍神经网络学习过程中权值调整的关键两步：前向传播和反向传播。

以前述的前馈神经网络模型为例，如图 4-10 所示，输入层包含两个神经元 i_1、i_2，隐含层包含三个神经元 h_1、h_2、h_3，输出层包含一个神经元 O_1，$w_i(i=1,2,\cdots,9)$ 是各层之间的连接权值，激活函数为 Sigmoid 函数（式 4-9）。

（1）前向传播

将输入层和隐藏层连接到输出层，前向传播的过程如下。

① 随机初始化连接权值 w_i。

给定输入层的 $(i_1,i_2)=(1,1)$；期望得到输

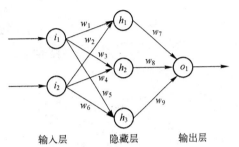

图 4-10　前向传播模型

出层的 $o_1=0$；初始连接权值 $\omega_1=0.10$，$\omega_2=0.15$，$\omega_3=0.20$，$\omega_4=0.25$，$\omega_5=0.30$，$\omega_6=035$，$\omega_7=0.40$，$\omega_8=0.45$，$\omega_9=0.50$。（计算结果保留两位小数）

② 计算隐藏层神经元值 h_1、h_2、h_3：
$$h_1=i_1\times\omega_1+i_2\times\omega_2=0.25$$
$$h_2=i_1\times\omega_3+i_2\times\omega_4=0.45$$
$$h_3=i_1\times\omega_5+i_2\times\omega_6=0.65$$

③ 隐藏层应用激活函数（Sigmoid 函数）：
$$\text{out}_{h_1}=\frac{1}{1+e^{-h_1}}=0.56$$
$$\text{out}_{h_2}=\frac{1}{1+e^{-h_2}}=0.61$$
$$\text{out}_{h_3}=\frac{1}{1+e^{-h_3}}=0.66$$

④ 计算输出层神经元值 out_{o_1} 并应用激活函数计算 out_{oo_1}：
$$\text{out}_{o_1}=\text{out}_{h_1}\times\omega_7+\text{out}_{h_2}\times\omega_8+\text{out}_{h_3}\times w_9=0.83$$
$$\text{out}_{oo_1}=\frac{1}{1+e^{-\text{out}_{o_1}}}=0.69$$

一次前向传播完成后，所得输出与期望输出差别很大，相差+0.69。

⑤ 计算当前损失值（Error，E）。

以上示例中的结果是连续的，损失函数使用均方误差（MSE）表示，本算例的损失函数表达式如下：
$$E=\frac{1}{n}\sum_{i=1}^{n}(h_i-y_i)^2 \tag{4-41}$$

式中，n 为样本个数，h_i 为经过隐藏层激活的输出值（即本例中的 out_{oo_1}），y_i 为目标输出（即本例中的 out_{o_1}）。

因此，当前损失值 E：

$$E = \frac{1}{n}\sum_{i=1}^{n}(h_i - y_i)^2 = (0.69-0)^2 = 0.48$$

（2）反向传播

图 4-11 可以直观地展示误差的反向传播过程。

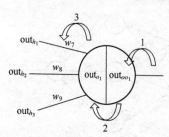

图 4-11 误差的反向传播过程

① 使用链式法则计算当前损失对输出层连接权值 w_7、w_8、w_9 的影响，即通过当前损失对权重求偏导得出。链式法则表达式如下：

$$\frac{\partial E}{\partial \omega_i} = \frac{\partial E}{\partial \text{out}_{oo_1}} \times \frac{\partial \text{out}_{oo_1}}{\partial \text{out}_{o_1}} \times \frac{\partial \text{out}_{o_1}}{\partial \omega_i} \tag{4-42}$$

式中，E 表示一次前向传播结束后的损失，w_i 表示第 i 个连接权值 $(i=7,8,9)$。

首先计算损失对输出值的偏导：

$$\frac{\partial E}{\partial \text{out}_{oo_1}} = 2\times\text{out}_{oo_1}$$

计算输出值对未激活输出的偏导：

$$\frac{\partial \text{out}_{oo_1}}{\partial \text{out}_{o_1}} = \text{out}_{oo_1}\times(1-\text{out}_{oo_1})$$

计算未激活输出对初始连接权值 $w_i(i=7,8,9)$ 的偏导：

$$\frac{\partial \text{out}_{o_1}}{\partial \omega_7} = \text{out}_{h_1}, \quad \frac{\partial \text{out}_{o_1}}{\partial \omega_8} = \text{out}_{h_2}, \quad \frac{\partial \text{out}_{o_1}}{\partial \omega_9} = \text{out}_{h_3}$$

② 引入学习率缓慢更新输出层权重 $\omega_i(i=7,8,9)$，学习率设置为 0.1。

根据①得出：

$$\frac{\partial E}{\partial \text{out}_{o_1}} = \frac{\partial E}{\partial \text{out}_{oo_1}} \times \frac{\partial \text{out}_{oo_1}}{\partial \text{out}_{o_1}}$$

引入学习率更新 ω_7、ω_8、ω_9：

$$\begin{cases} \omega_i' = \omega_i - l_r \times \dfrac{\partial E}{\partial \omega_i} \\ \dfrac{\partial E}{\partial \omega_i} = \dfrac{\partial E}{\partial \text{out}_{o_1}} \times \dfrac{\partial \text{out}_{o_1}}{\partial \omega_i} \end{cases} \tag{4-43}$$

式中，ω_i' 为更新后的权重，l_r 为学习率。

③ 根据输出层连接权值更新值，更新输入层的连接权值 $\omega_i(i=1,2,\cdots,6)$

$$\omega_i' = \omega_i - l_r \times \frac{\partial E}{\partial \omega_i} \tag{4-44}$$

损失对 ω_i 的偏导 $(i=1,2,\cdots,6)$ 计算过程如下：

$$\frac{\partial E}{\partial w_1} = \frac{\partial E}{\partial h_1} \times \frac{\partial h_1}{\partial w_1}$$

$$\frac{\partial E}{\partial h_1} = \frac{\partial E}{\partial \, \text{out}_{h_1}} \times \frac{\partial \, \text{out}_{h_1}}{\partial h_1}$$

$$\frac{\partial E}{\partial \, \text{out}_{h_1}} = \frac{\partial E}{\partial \, \text{out}_{o_1}} \times \frac{\partial \, \text{out}_{o_1}}{\partial \, \text{out}_{h_1}}$$

$$\frac{\partial \, \text{out}_{o_1}}{\partial \, \text{out}_{h_1}} = \omega_7$$

$$\frac{\partial h_1}{\partial \omega_1} = i_1$$

$$\omega_1' = \omega_1 - l_r \times \frac{\partial E}{\partial w_1}$$

人工神经网络对数据集中的所有数据完成一次前向传播和反向传播，即执行了一次训练过程，这一次训练过程被称为回代轮次（epoch）。通常为了得到期望的输出，神经网络需要执行多次回代轮次，且当数据集较大时，网络引入批大小（batch size）对数据集进行批次训练，其大小为 16 ~ 512。下面使用 Python 编译来展示神经网络学习的前向传播和反向传播过程。

[例 4-7] 人工神经网络学习过程的 Python 实现。

[算例代码]

```
#1 设置环境
#- * - coding：utf-8 - * -
#2 导入相关模块
import math
#3 设置网络参数
#3.1 输入层
i1, i2=1, 1
#3.2 权值参数
w1, w2, w3, w4, w5, w6=0.10, 0.15, 0.20, 0.25, 0.30, 0.35
w7, w8, w9=0.40, 0.45, 0.50
#3.3 输出层（即目标值）
o1=0
#3.4 学习率
lr=0.1
#3.5 回代轮次
epoch=0；epochs=10000
#3.6 允许误差
E_allow=1e-3
#4 编制相关函数
#4.1 线性转换函数
def linear1(w_one,w_two,i_one,i_two)：
    return w_one * i_one+w_two * i_two
#4.2 非线性转换函数
```

```python
def none_linear(i):
    return 1.0/(1+math.exp(-i))
#4.3 训练过程所用函数
def linear2(w_one,w_two,w_three,h_one,h_two,h_three):
        return w_one * h_one+w_two * h_two+w_three * h_three
#5 执行训练过程
print("开始训练")
while epoch<epochs:#回代轮次结束前一直学习
    epoch+=1
#5.1 计算前向传播误差
    #求输入值 hi
    hi1=linear1(w1,w2,i1,i2); hi2=linear1(w3,w4,i1,i2); hi3=linear1(w5,w6,i1,i2)
    #求输出值 ho
    ho1=none_linear(hi1); ho2=none_linear(hi2); ho3=none_linear(hi3)
    #求输入值
    oi1=linear2(w7,w8,w9,ho1,ho2,ho3)
    #求输出值
    oo1=none_linear(oi1)
    #求当前误差
    E=(math.pow(oo1-o1,2))
    #设置训练条件(误差在允许范围退出训练,否则重复训练)
    if E<E_allow:
        print("误差在允许范围内,训练结束\n")
        break
#5.2 计算反向传播误差
    #求偏导,得出输出层连接权值更新值
    d_E_oo1=oo1 * 2; d_oo1_oi1=oo1 * (1-oo1); d_E_oi1=d_E_oo1 * d_oo1_oi1
    #更新 w7
    d_oi1_w7=ho1; d_E_w7=d_E_oi1 * d_oi1_w7; w7_update=w7-lr * d_E_w7
    #更新 w8
    d_oi1_w8=ho2; d_E_w8=d_E_oi1 * d_oi1_w8; w8_update=w8-lr * d_E_w8
    #更新 w9
    d_oi1_w9=ho1; d_E_w9=d_E_oi1 * d_oi1_w9; w9_update=w9-lr * d_E_w9
    #使用输出层更新值
    d_oi1_ho1=w7; d_oi1_ho2=w8; d_oi1_ho3=w9
    d_E_ho1=d_E_oi1 * d_oi1_ho1
    d_E_ho2=d_E_oi1 * d_oi1_ho2
    d_E_ho3=d_E_oi1 * d_oi1_ho3
    d_ho1_hi1=ho1 * (1-ho1); d_ho2_hi2=ho2 * (1-ho2); d_ho3_hi3=ho3 * (1-ho3)
    d_E_hi1=d_E_ho1 * d_ho1_hi1
    d_E_hi2=d_E_ho2 * d_ho2_hi2
    d_E_hi3=d_E_ho3 * d_ho3_hi3
```

```
#求偏导,得出输入层连接权值更新值
#更新 w1
d_hi1_w1=i1；d_E_w1=d_E_hi1 * d_hi1_w1；w1_update=w1−lr * d_E_w1
#更新 w2
d_hi1_w2=i2；d_E_w2=d_E_hi1 * d_hi1_w2；w2_update=w2−lr * d_E_w2
#更新 w3
d_hi2_w3=i1；d_E_w3=d_E_hi2 * d_hi2_w3；w3_update=w3−lr * d_E_w3
#更新 w4
d_hi2_w4=i2；d_E_w4=d_E_hi2 * d_hi2_w4；w4_update=w4−lr * d_E_w4
#更新 w5
d_hi3_w5=i1；d_E_w5=d_E_hi3 * d_hi3_w5；w5_update=w5−lr * d_E_w5
#更新 w6
d_hi3_w6=i2；d_E_w6=d_E_hi3 * d_hi3_w6；w6_update=w6−lr * d_E_w6
#更新所有的反向传播权值
w1=w1_update；w2=w2_update；w3=w3_update
w4=w4_update；w5=w5_update；w6=w6_update
w7=w7_update；w8=w8_update；w9=w9_update
#6 显示结果
print(f" w1={w1} \nw2={w2} \nw3={w3} \nw4={w4} \nw5={w5} \nw6={w6} \n" )
print(f" w7={w7} \nw8={w8} \nw9={w9} \n" )
print(f" 期望值:[{o1}],预测值:[{oo1}]" )
```

[运行结果]

```
w1=0.4679981739436564
w2=0.5179981739436571
w3=0.5608180420947609
w4=0.61081804209476
w5=0.5665044878517883
w6=0.616504487851787
w7=−1.5183609950933619
w8=−1.6118982938315802
w9=−1.4183609950933622
期望值:[0],预测值:[0.03161052079829234]
```

结果表明,经过 1 000 次训练得到的结果为 0.03,与期望的目标值 0 接近,但不是很精确,读者可以通过在初始设置里加入偏置值移动激活函数、提高网络的估计效果。

4.2　keras 的人工神经网络基本实现

上面阐述人工神经网络理论基础时,已经结合一些算例阐述了人工神经网络的 keras 实现。为了增加读者对使用 keras 实现人工神经网络的理解,下面从 keras 实现过程和不同输入数据方面,通过更多算例的形式来说明 keras 的人工神经网络基本实现和高级实现,下面先介绍 keras 的人工神经网络基本实现（主要包括 keras 简介、keras 中模型的定义、keras 中网络层的定义、keras 中网络的训练与调用、结合 keras 与 tensorflow 的人工神经网络实现）。

4.2.1　keras 简介

keras 在希腊语中意为"号角"，来自古希腊和拉丁文学《奥德赛》中的一个文学形象。keras 最初是作为 ONEIROS 项目（开放式神经电子智能机器人操作系统）研究工作的一部分而开发的。它是一个用 Python 编写的高级神经网络 API，它能够以 TensorFlow、CNTK、Theano 作为后端运行，支持卷积神经网络、循环神经网络及这两种网络的组合。

keras 的核心数据结构是模型（model），是一种组织网络层的方式。最简单的模型是 Sequential 顺序模型，它由多个网络层线性堆叠。对于更复杂的结构，应该使用 keras 函数式 API，它允许构建任意的神经网络图。如果需要，还可以进一步地配置优化器。

编制 keras 代码时，首先打开 spyder，编制新的 py 文件，然后进行编译和执行。下面将通过编制 py 文件、以应用实例形式说明 Anaconda3 中 keras 的实现。

4.2.2　keras 中模型的定义

在 keras 中，核心数据结构是模型，有两种定义模型的方法：Sequential 模型和 Model 模型。

Sequential 模型中，各层之间是依次顺序的线性关系，在第 k 层和第 $k+1$ 层之间可以加上各种元素来构造神经网络；这些元素可以通过一个列表来指定并作为参数传递给初始序列模型，进而生成相应的总模型；除了直接在列表中指定所有元素外，也可以逐层添加各层。

Model 模型可以用来设计非常复杂、任意拓扑结构的神经网络模型（如全连接神经网络模型、拟合手写数据集的分类模型、LSTM 时序预测模型、多输入输出模型）；Model 模型通过函数化的应用接口来定义模型。

4.2.3　keras 中网络层的定义

Dense 方法是 keras 定义网络层的基本方法。该方法中的网络层如下：

```
keras. layers. Dense( units,
activation = None,
use_bias = True,
kernel_initializer = 'glorot_uniform',
bias_initializer = 'zeros',
kernel_regularizer = None,
bias_regularizer = None,
activity_regularizer = None,
kernel_constraint = None,
bias_constraint = None)
```

其中，units 表示该层有几个神经元，activation 表示该层使用的激活函数，use_bias 表示是否添加偏置项，kernel_initializer 表示权重初始化方法，bias_initializer 表示偏置值初始化方法，kernel_regularizer 表示权重规范化函数，bias_regularizer 表示偏置值规范化方法，activity_regularizer 表示输出的规范化方法，kernel_constraint 表示权重变化限制函数，bias_constraint 表示偏置值变化限制函数。

4.2.4　keras 中网络的训练与调用

完成模型编译后，在训练数据上使用 model.fit 进行一定次数的迭代训练，使用 model.evaluate 评估参数的设置与评估，使用 model.predict_classes 或 model.predict_proba 对新数据进行预测。

以下各例将采用循序渐进的方式，分别实现数据集的导入、网络框架与不同网络层的建立、网络参数的设置、网络训练参数的设置、网络模型的训练、网络的评估与预测、所建网络模型的保存和调用。

[例 4-8]　使用 keras 列表方法建立一个 Sequential 模型。模型中输入数组大小为（＊, 16）、对应输出数组大小为 32，训练过程激活函数是 ReLU 函数，全连接层大小为 10、激活函数是 softmax 函数。

[算例代码]

```
#1 设置环境与说明
#coding:UTF-8
# 避免显示因为版本问题出现的警告
import os
os.environ['TF_CPP_MIN_LOG_LEVEL'] = '2'
#2 导入相关库
from keras.models import Sequential
from keras.layers import Dense, Activation
#3 建立网络
#3.1 设置网络层
layers = [ Dense ( 32 , input_shape = ( 784, ) ) ,
                Activation('relu') ,
                Dense(10) ,
                Activation('softmax') ]
#3.2 形成网络
model = Sequential(layers)
```

[例 4-9]　使用 keras 多层添加方法建立 Sequential 模型，首先加入输入层，输入数组大小为（＊, 100），对应输出数组大小为 32，对应激活函数是 ReLU 函数，再加入全连接层，对应大小为 10，对应激活函数是 softmax 函数。

[算例代码]

```
#1 设置环境与说明
#coding:UTF-8
# 避免显示因为版本问题出现的警告
import os
os.environ['TF_CPP_MIN_LOG_LEVEL'] = '2'
```

```
#2 导入相关库
from keras. models import Sequential
from keras. layers import Dense ，Activation
#3 建立 Sequential 网络模型
#3.1 设置模型框架
model = Sequential( )
#3.2 添加网络层
model. add( Dense( units = 32, activation ='relu', input_dim = 100) )
model. add( Dense( units = 10, activation ='softmax') )
```

[例 4-10] 使用 keras 多层添加方法建立 Sequential 模型（网络同前例，输入数组大小为（＊，100）、对应输出数组大小为 32、对应激活函数是 ReLU 函数，全连接层数组大小为 10、对应激活函数是 softmax 函数），同时，设置网络训练参数：损失函数为 categorical_crossentropy、优化方法为 SGD（初始学习率取 0.01）、评估方法为 accuracy。

[算例代码]

```
#1 设置环境与说明
#coding:UTF-8
#避免显示因为版本问题出现的警告
import os
os. environ[ 'TF_CPP_MIN_LOG_LEVEL'] ='2'
#2 导入相关库
from keras. models import Sequential
from keras. layers import Dense ，Activation
from keras. optimizers import SGD
#3 建立 Sequential 网络模型
#3.1 设置模型框架
model = Sequential( )
#3.2 添加网络层
model. add( Dense( units = 32, activation ='relu', input_dim = 100) )
model. add( Dense( units = 10, activation ='softmax') )
#4 设置网络模型训练参数
model. compile( loss ='categorical_crossentropy',
              optimizer = SGD( learning_rate = 0.01) ,
              metrics = [ 'accuracy'] )
```

[例 4-11] 使用随机生成的训练数据集和验证数据集建立含有 3 个隐含层和 1 个输出层的神经网络，通过适当设置训练参数、动态实现网络训练过程。

[算例代码]

```
#1 设置环境与说明
#coding:UTF-8
#避免显示因为版本问题出现的警告
```

```
import os
os. environ['TF_CPP_MIN_LOG_LEVEL'] = '2'
#2 导入相关库
from keras. models import Sequential
from keras. layers import LSTM, Dense
import numpy as np
#3 导入已知数据
#3.1 设置输入数据尺寸(batch_size, timesteps, data_dim)
data_dim = 16; timesteps = 8; num_classes = 10; batch_size = 32
#3.2 生成训练数据
x_train = np. random. random((batch_size * 10, timesteps, data_dim))
y_train = np. random. random((batch_size * 10, num_classes))
#3.3 生成验证数据
x_val = np. random. random((batch_size * 3, timesteps, data_dim))
y_val = np. random. random((batch_size * 3, num_classes))
#4 创建网络模型
#4.1 设置网络模型类型
model = Sequential()
#4.2 添加隐含层
model. add(LSTM(32, return_sequences = True, stateful = True,
                 batch_input_shape = (batch_size, timesteps, data_dim)))
model. add(LSTM(32, return_sequences = True, stateful = True))
model. add(LSTM(32, stateful = True))
model. add(Dense(10, activation = 'softmax'))
#5 设置训练参数
model. compile(loss = 'categorical_crossentropy',
               optimizer = 'rmsprop',
               metrics = ['accuracy'])
#6 进行网络训练
model. fit(x_train, y_train,
           batch_size = batch_size, epochs = 5, shuffle = False,
           validation_data = (x_val, y_val))
```

[**例 4-12**] 使用 keras 自带的皮马印第安人糖尿病数据集 pima-indians-diabetes. csv（重新命名为 Ch04_12. csv），使用 keras 多层添加方法建立 Sequential 模型（隐含层使用 3 个全连接层、即 Dense 层，神经元个数依次为 12、2、1，激活函数依次取 relu、relu、sigmoid），训练模型时损失函数 loss 为 binary_crossentropy、优化器 optimizer 为 Adam、评估指标是 accuracy，显示训练后模型的评估指标。

[**算例代码**]

```
#1 设置环境与说明
# coding: UTF-8
```

```
#避免显示因为版本问题出现的警告
import os
os. environ['TF_CPP_MIN_LOG_LEVEL']='2'
#2 导入相关库
from numpy import loadtxt
from keras. models import Sequential
from keras. layers import Dense
#3 导入数据集
#3.1 导入原始数据
dataset = loadtxt("E:/TumuPy/Ch04_12. csv", delimiter=',')
#3.2 将数据集拆分为训练集和验证集
X = dataset[:,0:8]
y = dataset[:,8]
#4 建立网络模型框架
model = Sequential()
model. add(Dense(12, input_dim=8, activation='relu'))    #输入特征数为 8
model. add(Dense(8, activation='relu'))
model. add(Dense(1, activation='sigmoid'))
#5 设置训练模型参数
model. compile(loss='binary_crossentropy', optimizer='adam', metrics=['accuracy'])
#6 进行模型训练
model. fit(X, y, epochs=150,batch_size=10)
#7 对模型精确度进行估计
_, accuracy = model. evaluate(X, y)
print('Accuracy: %.2f' % (accuracy))                    #显示精确度
```

[运行结果]

```
Accuracy: 0.77
```

考虑到训练过程的随机性，用户所得结果可能与此稍有不同。

需要说明的是，本例所用原始数据集 pima-indians-diabetes. csv（即 Ch04_12. csv），来自美国国家糖尿病、消化、肾脏疾病研究所，目标是基于数据集中某些诊断测量来进行诊断性预测患者是否患有糖尿病。该数据集包括 8 个属性、1 个类别，分别是：①Pregnancies—怀孕次数，②Glucose—葡萄糖，③BloodPressure—血压，④SkinThickness—皮层厚度，⑤Insulin—胰岛素 2 h 血清胰岛素，⑥BMI—体重指数，⑦DiabetesPedigreeFunction—糖尿病谱系功能，⑧Age—年龄，⑨Outcome—类别变量。

[例 4-13] 实现已知 4 个样本的特性分别是[10,20,30]、[20,30,40]、[30,40,50]、[40,50,60]，对应响应分别是 40、50、60、70，建立人工神经网络模型（第 1 层结点为 100 个、激活函数为 relu）对输入[50,60,70]的响应进行预测。

[算例代码]

```
#1 设置环境与说明
#coding:UTF-8
#避免显示因为版本问题出现的警告
import os
os. environ['TF_CPP_MIN_LOG_LEVEL']='2'
#2 导入相关库
from numpy import array
from keras. models import Sequential
from keras. layers import Dense
#3 导入已知数据
X = array([[10,20,30],[20,30,40],[30,40,50],[40,50,60]])    #样本特性
y = array([40,50,60,70])                                    #样本响应
#4 创建模型
model = Sequential()                                        #模型类型
model. add(Dense(100,activation='relu', input_dim=3))       #定义输入层与激活函数
#注意:定义第一层时需要设置数据输入的形状,即这里的 input_dim=3。
model. add(Dense(1))                                        #定义输出数
model. compile(optimizer='adam', loss='mse')               #定义优化算法与损失函数类型
#5 训练模型
model. fit(X, y, epochs=2000, verbose=0)                    #定义轮次为 20、训练过程不显示
#6 对新数据进行预测
x_input = array([50,60,70])                                 #输入新数据
x_input = x_input. reshape((1, 3))                          #改变新数据形式
y_pre = model. predict(x_input, verbose=0)                 #预测新数据的响应
print(y_pre)                                                #显示新数据的响应值
```

[运行结果]

```
[[81. 23969]]
```

考虑到训练过程的随机性,用户所得结果可能与此稍有不同。

[例 4-14] 已知 4 个样本的时序数据分别是[10,20,30]、[20,30,40]、[30,40,50]、[40,50,60],对应响应分别是[40,50]、[50,60]、[60,70]、[70,80],试建立多层人工神经网络模型(第 1 层为输入层 LSTM,第 2 层是 RepeatVector 层,第 3 层是网络层 LSTM,第 4 层是输出层 TimeDistributed),对输入[50,60,70]的响应进行预测。

[算例代码]

```
#1 设置环境与说明
#coding:UTF-8
#避免显示因为版本问题出现的警告
```

```
import os
os.environ['TF_CPP_MIN_LOG_LEVEL']='2'
#2 导入相关库
from numpy import array
from keras.models import Sequential
from keras.layers import LSTM
from keras.layers import Dense
from keras.layers import RepeatVector
from keras.layers import TimeDistributed
#3 导入已知数据
#3.1 导入原始数据
X = array([[10,20,30],[20,30,40],[30,40,50],[40,50,60]])
y = array([[40,50],[50,60],[60,70],[70,80]])
#reshape from [samples, timesteps] into [samples, timesteps, features]
#3.2 将原始数据改变成[样本,时间步,特性]的形式
X = X.reshape((X.shape[0], X.shape[1], 1))
y = y.reshape((y.shape[0], y.shape[1], 1))
#4 创建网络模型
model = Sequential()
model.add(LSTM(100,activation='relu', input_shape=(3, 1)))
model.add(RepeatVector(2))
model.add(LSTM(100,activation='relu', return_sequences=True))
model.add(TimeDistributed(Dense(1)))
#5 设置模型训练参数
model.compile(optimizer='adam', loss='mse')
#6 训练模型
model.fit(X, y, epochs=100,verbose=0)
#7 对新数据进行预测
#7.1 导入新数据
x_input = array([50,60,70])
#7.2 将新数据改变成[样本,时间步,特性]的形式
x_input = x_input.reshape((1, 3, 1))
#7.3 预测新数据对应的响应
yhat = model.predict(x_input, verbose=0)
#7.4 显示预测结果
print(yhat)
```

[运行结果]

```
[[[79.43445]
  [92.59776]]]
```

考虑到训练过程的随机性,用户所得结果可能与此稍有不同。

4.2.5　基于 keras 与 tensorflow 结合的人工神经网络

下面几例结合 keras 和 tensorflow 来实现人工神经网络的训练。

[**例 4-15**]　使用 keras 自带的图像数据集 mnist，结合 keras 和 tensorflow 构建人工神经网络模型，显示网络结构信息，绘制模型框架，通过设置训练总体参数与过程参数对所建网络进行训练、进而显示训练过程信息。

[**算例代码**]

```
#1 设置环境与说明
#coding:UTF-8
#避免显示因为版本问题出现的警告
import os
os. environ['TF_CPP_MIN_LOG_LEVEL'] = '2'
#2 导入相关库
import numpy as np
import tensorflow as tf
from tensorflow import keras
from tensorflow. keras import layers
#3 确定已知数据
#3.1 设置已知数据格式
inputs = keras. Input(shape = (784,))
img_inputs = keras. Input(shape = (32, 32, 3))
#3.2 载入已知数据(分别获得训练集和测试集)
(x_train, y_train), (x_test, y_test) = keras. datasets. mnist. load_data()
#3.3 将已知数据转换为数组格式(*,784)
x_train = x_train. reshape(60000,784). astype("float32") / 255
x_test = x_test. reshape(10000,784). astype("float32") / 255
#4 建立网络
#4.1 建立网络输入层
dense = layers. Dense(64, activation = "relu")
#4.2 将输入数据置入网络输入层
x = dense(inputs)
x = layers. Dense(64, activation = "relu")(x)
#4.3 建立网络输出层
outputs = layers. Dense(10)(x)
#4.4 根据输入层和输出层构建网络框架
model = keras. Model(inputs = inputs, outputs = outputs, name = "mnist_model")
model. summary()        #4 显示网络主要信息
#4.5 绘制网络结构图
#如失败,先在环境中执行如下两行代码(安装 graphviz)
#pip install pydot
#conda install graphviz(安装过程中选 y)
```

```
keras. utils. plot_model( model, "E:/TumuPy/Ch04_01. png")
keras. utils. plot_model( model, "E:/TumuPy/Ch04_02. png", show_shapes = True)
#5 设置网络训练总体参数（损失函数、优化算法、评价标准）
model. compile(
    loss = keras. losses. SparseCategoricalCrossentropy( from_logits = True),
    optimizer = keras. optimizers. RMSprop( ),
    metrics = [ "accuracy" ],
)
#6 网络训练
#6.1 设置网络训练过程参数
BS = 64; EP = 2; VS = 0.2;
#6.2 进行网络训练
history = model. fit( x_train, y_train, batch_size = BS, epochs = EP, validation_split = VS)
```

[运行结果]

显示的网络主要信息为：

```
Model: "mnist_model"
_____

Layer ( type)                Output Shape              Param #
=====================================================================

input_5 ( InputLayer)       [ ( None, 784) ]          0
dense_28 ( Dense)             ( None, 64)              50240
dense_29 ( Dense)             ( None, 64)              4160
dense_30 ( Dense)             ( None, 10)              650
=====================================================================
Total params: 55,050
Trainable params: 55,050
Non-trainable params: 0
```

显示的训练过程信息为：

```
Epoch 1/2
750/750 [ =========================] - 2s 2ms/step - loss: 0.3365 - accuracy:
0.9051 - val_loss: 0.1867 - val_accuracy: 0.9472
Epoch 2/2
750/750 [ =========================] - 1s 2ms/step - loss: 0.1572 - accuracy:
0.9528 - val_loss: 0.1405 - val_accuracy: 0.9588
```

同时，得到网络结构模型文件 E:/TumuPy/Ch04_01. png 和 E:/TumuPy/Ch04_02. png，见图 4-12。

[例 4-16] 本例所用数据集、网络模型、训练总体参数、训练过程参数与例 4-15 相同。基于测试集对所建模型进行评价，显示所建模型在测试集上的精确度。

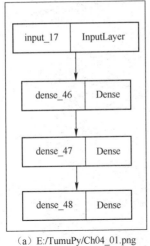

input_17	input:	[(None, 784)]
InputLayer	output:	[(None, 784)]

dense_46	input:	(None, 784)
Dense	output:	(None, 64)

dense_47	input:	(None, 64)
Dense	output:	(None, 64)

dense_48	input:	(None, 64)
Dense	output:	(None, 10)

（a）E:/TumuPy/Ch04_01.png　　　　　（b）E:/TumuPy/Ch04_02.png

图 4-12　例 4-15 的运行结果

[算例代码]

```
#1 设置环境与说明
# coding：UTF-8
# 避免显示因为版本问题出现的警告
import os
os. environ['TF_CPP_MIN_LOG_LEVEL'] = '2'
'''
下述步骤 2~6 与前例相同，但不显示网络结构、不绘制模型框架、不显示训练过程信息
三个撇号对之间的多行字符，用作多行解释（#作用为不执行#之后的代码）
'''
#2 导入相关库
import numpy as np
import tensorflow as tf
from tensorflow import keras
from tensorflow. keras import layers
#3 确定已知数据
#3.1 设置已知数据格式
inputs = keras. Input(shape=(784,))
img_inputs = keras. Input(shape=(32, 32, 3))
#3.2 载入已知数据（分别获得训练集和测试集）
(x_train, y_train), (x_test, y_test) = keras. datasets. mnist. load_data()
#3.3 将已知数据转换为数组格式（*,784）
x_train = x_train. reshape(60000,784). astype("float32") / 255
x_test = x_test. reshape(10000,784). astype("float32") / 255
#4 建立网络
#4.1 建立网络输入层
dense = layers. Dense(64, activation="relu")
```

```
#4.2 将输入数据置入网络输入层
x = dense(inputs)
x = layers.Dense(64, activation="relu")(x)
#4.3 建立网络输出层
outputs = layers.Dense(10)(x)
#4.4 根据输入层和输出层构建网络框架
model = keras.Model(inputs=inputs, outputs=outputs, name="mnist_model")
model.summary()#4 显示网络主要信息
#5 设置网络训练总体参数(损失函数、优化算法、评价标准)
model.compile(
    loss=keras.losses.SparseCategoricalCrossentropy(from_logits=True),
    optimizer=keras.optimizers.RMSprop(),
    metrics=["accuracy"],
)
#6 网络训练
#6.1 设置网络训练过程参数
BS=64; EP = 2; VS = 0.2;
#6.2 进行网络训练
history = model.fit(x_train, y_train, batch_size=BS, epochs=EP, validation_split=VS)
#7 基于测试集对所建模型进行评价
test_scores = model.evaluate(x_test, y_test, verbose=2)  #将所建模型用于测试集评估
print("测试集损失为:", test_scores[0])        # 显示所建模型在测试集上的损失
print("测试集准确度为:", test_scores[1])       # 显示所建模型在测试集上的精确度
```

[运行结果]

测试集损失为: 0.1325104683637619
测试集准确度为: 0.9603000283241272

[例 4-17] 本例所用数据集、网络模型、训练总体参数、训练过程参数与例 4-15 相同，对训练后的模型实现打开、删除和调用。

[算例代码]

```
'''
下述步骤1~6与前例相同,但不显示网络结构、不绘制模型框架、不显示训练过程信息
三个撇号之间的多行字符,用作多行解释(#作用为不执行#之后的代码)
'''
#1 设置环境与说明
#coding:UTF-8
#避免显示因为版本问题出现的警告
import os
os.environ['TF_CPP_MIN_LOG_LEVEL']='2'
#2 导入相关库
```

```
import numpy as np
import tensorflow as tf
from tensorflow import keras
from tensorflow. keras import layers
```

\#3 确定已知数据

\#3.1 设置已知数据格式

```
inputs = keras. Input(shape=(784,))
img_inputs = keras. Input(shape=(32, 32, 3))
```

\#3.2 载入已知数据（分别获得训练集和测试集）

```
(x_train, y_train), (x_test, y_test) = keras. datasets. mnist. load_data()
```

\#3.3 将已知数据转换为数组格式（*,784）

```
x_train = x_train. reshape(60000,784). astype("float32") / 255
x_test = x_test. reshape(10000,784). astype("float32") / 255
```

\#4 建立网络

\#4.1 建立网络输入层

```
dense = layers. Dense(64, activation="relu")
```

\#4.2 将输入数据置入网络输入层

```
x = dense(inputs)
x = layers. Dense(64, activation="relu")(x)
```

\#4.3 建立网络输出层

```
outputs = layers. Dense(10)(x)
```

\#4.4 根据输入层和输出层构建网络框架

```
model = keras. Model(inputs=inputs, outputs=outputs, name="mnist_model")
model. summary()                                       #显示网络主要信息
```

\#5 设置网络训练总体参数（损失函数、优化算法、评价标准）

```
model. compile(
    loss=keras. losses. SparseCategoricalCrossentropy(from_logits=True),
    optimizer=keras. optimizers. RMSprop(),
    metrics=["accuracy"],
)
```

\#6 网络训练

\#6.1 设置网络训练过程参数

```
BS= 64; EP = 2; VS = 0.2;
```

\#6.2 进行网络训练

```
history = model. fit(x_train, y_train, batch_size= BS, epochs= EP, validation_split= VS)
```

\#7 所建模型的保存、删除、打开

```
model. save("E:/TumuPy/Ch04_03")                      #保存所建模型
del model                                             #删除模型
model = keras. models. load_model("E:/TumuPy/Ch04_03")  #打开已有模型
```

[运行结果]

得到文件夹 E:/TumuPy/Ch04_03 及相关文件。

4.3　keras 的人工神经网络高级实现

4.3.1　使用 keras 和遗传算法优化 LSTM 结构准确率

本节实质上是一个综合实例，结合使用 keras 和遗传算法来实现 LSTM 结构准确率的优化问题，主要包括两个文件：神经网络部分和遗传算法部分，先实现神经网络部分（例 4-18），后实现遗传算法部分（例 4-19）。由于遗传算法部分调用了神经网络部分，所以，必须先编译例 4-18、然后再执行例 4-19。

编写神经网络部分时，写一个神经网络的训练与测试的文件 E:/TumuPy/Ch04_04. py（主要包括 LSTM 创建函数 creat_lstm 和全连接层函数创建 creat_dense），文件中需要优化的参数（选为 LSTM 层数、全连接层数、每层神经元个数）写到列表 num 之中。

[例 4-18]　以 keras 自带的图像数据 mnist 作为数据集，将优化参数 LSTM 层数、全连接层数、每层神经元个数写到列表 num，代码另存为 E:/TumuPy/Ch04_04. py。

[算例代码]

```
#1 设置环境与说明
#coding:UTF-8
#避免显示因为版本问题出现的警告
import os
os. environ['TF_CPP_MIN_LOG_LEVEL'] ='2'
#2 导入相关库
import numpy as np
import tensorflow as tf
import pandas as pd
import matplotlib. pylab as plt
from tensorflow import keras
from tensorflow. keras. layers import LSTM, Dense, Dropout, BatchNormalization, Input
from tensorflow. keras import optimizers, losses, metrics, models
#3 定义相关函数
#3.1 定义 LSTM 函数
def create_lstm(inputs, units, return_sequences):
    lstm = LSTM(units, return_sequences=return_sequences)(inputs)
    print('LSTM: ', lstm. shape)
    return lstm
#3.2 定义网络层
def create_dense(inputs, units):
    #dense 层
    dense = Dense(units, kernel_regularizer=keras. regularizers. l2(0.001), activation='relu')(inputs)
    #dropout 层
    dense_dropout = Dropout(rate=0.2)(dense)
```

```python
        dense_batch = BatchNormalization()(dense_dropout)
        return dense, dense_dropout, dense_batch
#3.3 定义数据集加载函数
def load():
        (x_train, y_train), (x_test, y_test) = keras.datasets.mnist.load_data()
        #数据集归一化
        x_train, x_test = x_train / 255.0, x_test / 255.0
        return x_train, y_train, x_test, y_test
#3.4 定义模型构建与优化参数函数
def classify(x_train, y_train, x_test, y_test, num):
        #设置 LSTM 层参数
        lstm_num_layers = num[0]
        lstm_units = num[2:2 + lstm_num_layers]
        lstm_name = list(np.zeros((lstm_num_layers,)))
        #设置 LSTM_Dense 层的参数
        lstm_dense_num_layers = num[1]
        lstm_dense_units = num[2 + lstm_num_layers: 2 + lstm_num_layers + lstm_dense_num_layers]
        lstm_dense_name = list(np.zeros((lstm_dense_num_layers,)))
        lstm_dense_dropout_name = list(np.zeros((lstm_dense_num_layers,)))
        lstm_dense_batch_name = list(np.zeros((lstm_dense_num_layers,)))
        inputs_lstm = Input(shape=(x_train.shape[1], x_train.shape[2]))
        for i in range(lstm_num_layers):
            if i == 0:
                inputs = inputs_lstm
            else:
                inputs = lstm_name[i - 1]
            if i == lstm_num_layers - 1:
                return_sequences = False
            else:
                return_sequences = True
            lstm_name[i] = create_lstm(inputs, lstm_units[i], return_sequences=return_sequences)
        for i in range(lstm_dense_num_layers):
            if i == 0:
                inputs = lstm_name[lstm_num_layers - 1]
            else:
                inputs = lstm_dense_name[i - 1]
            lstm_dense_name[i], lstm_dense_dropout_name[i], lstm_dense_batch_name[i] = create_dense(inputs, units=lstm_dense_units[i])
        outputs_lstm = Dense(10, activation='softmax')(lstm_dense_batch_name[lstm_dense_num_layers - 1])
        #构建模型
        LSTM_model = keras.Model(inputs=inputs_lstm, outputs=outputs_lstm)
        #编译模型
```

```
LSTM_model. compile( optimizer = optimizers. Adam( ) ,
                     loss = 'sparse_categorical_crossentropy',
                     metrics = [ 'accuracy' ] )
history = LSTM_model. fit( x_train, y_train,
                     batch_size = 32, epochs = 1, validation_split = 0. 1, verbose = 1)
#验证模型
results = LSTM_model. evaluate( x_test, y_test, verbose = 0)
return results[ 1 ]      #返回测试集的准确率
```

编写遗传算法优化部分代码采用以下步骤：

① 将每条染色体设置为相同的长度，达不到长度要求时后面补零；

② 将前面两个基因设置为 1~3，据此确定后面关于每层神经元个数的基因；

③ 修改交叉函数，确定两条染色体（设为染色体 a 和 b）上需要交换的位置；

④ 修改变异函数，关于神经元个数的基因出现变异。

[例 4-19] 根据例 4-18 所编译的模块 E:/TumuPy/Ch04_04. py，使用遗传算法获得优化参数（LSTM 层数、全连接层数、每层神经元个数）。

[算例代码]

```
#1 设置环境与说明
#coding:UTF-8
#避免显示因为版本问题出现的警告
import os
os. environ[ 'TF_CPP_MIN_LOG_LEVEL'] = '2'
#2 导入相关库
import numpy as np
importCh04_13 as project
import os
os. environ[ 'TF_CPP_MIN_LOG_LEVEL' ] = '2'
#3 设置遗传算法参数
DNA_size = 2
DNA_size_max = 8                #每条染色体的长度
POP_size = 7                    #种群数量
CROSS_RATE = 0. 5               #交叉率
MUTATION_RATE = 0. 01           #变异率
N_GENERATIONS = 4               #迭代次数
#4 载入数据
x_train,y_train,x_test,y_test = project. load( )
#5 定义适应度
def get_fitness( x ) :
    return project. classify( x_train,y_train,x_test,y_test,num=x)
#6 生成新的种群
def select( pop,fitness ) :
```

```
        idx = np. random. choice( np. arange( POP_size) , size = POP_size, replace = True, p = fitness/fit-
ness. sum( ) )
        return pop[ idx]
#7 定义交叉函数
def crossover( parent, pop) :
        if np. random. rand( ) < CROSS_RATE :
                i_ = np. random. randint( 0, POP_size, size = 1)        #染色体的序号
                cross_points = np. random. randint( 0, 2, size = DNA_size_max) . astype( np. bool)
                #用 True、False 表示是否置换
                #对此位置上基因为 0 或是要交换的基因是关于层数的, 则取消置换
                for i, point in enumerate( cross_points) :
                        if point == True and pop[ i_, i]  *  parent[ i]  == 0:
                                cross_points[ i]  = False
                        if point == True and i < 2:
                                cross_points[ i]  = False
                #将第 i_条染色体上对应位置的基因置换到 parent 染色体上
                parent[ cross_points]  = pop[ i_, cross_points]
        return parent
#8 定义变异函数
def mutate( child) :
        for point in range( DNA_size_max) :
                if np. random. rand( ) < MUTATION_RATE :
                        if point >= 3:
                                if child[ point]  ! = 0:
                                        child[ point]  = np. random. randint( 32, 257)
        return child
#9 定义层数
pop_layers = np. zeros( ( POP_size, DNA_size) , np. int32)
pop_layers[ :, 0]  = np. random. randint( 1, 4, size = ( POP_size, ) )
pop_layers[ :, 1]  = np. random. randint( 1, 4, size = ( POP_size, ) )
#10 定义种群
pop = np. zeros( ( POP_size, DNA_size_max) )
#11 定义神经元个数
for i in range( POP_size) :
        pop_neurons = np. random. randint( 32, 257, size = ( pop_layers[ i] . sum( ) , ) )
        pop_stack = np. hstack( ( pop_layers[ i] , pop_neurons) )
        for j, gene in enumerate( pop_stack) :
                pop[ i] [ j]  = gene
#12 定义迭代次数
for each_generation in range( N_GENERATIONS) :
        #适应度
```

```
        fitness = np.zeros([POP_size,])
        #第 i 个染色体
        for i in range(POP_size):
            pop_list = list(pop[i])
            for j,each in enumerate(pop_list):
                if each == 0.0:
                    index = j
                    pop_list = pop_list[:j]
            for k,each in enumerate(pop_list):
                each_int = int(each)
                pop_list[k] = each_int
            fitness[i] = get_fitness(pop_list)
            print('第%d 代第%d 个染色体的适应度为%f'%(each_generation+1,i+1,fitness[i]))
            print('此染色体为:',pop_list)
        print('Generation:',each_generation+1,'Most fitted DNA:',pop[np.argmax(fitness),:],'适应度
为:',fitness[np.argmax(fitness)])
        #生成新的种群
        pop = select(pop,fitness)
        pop_copy = pop.copy()
        for parent in pop:
            child = crossover(parent,pop_copy)
            child = mutate(child)
            parent = child
```

[运行结果]

第 4 代第 7 个染色体的适应度为 0.946300
此染色体为:[3, 3, 46, 202, 200,103, 188, 88]
Generation: 4 Most fitted DNA:[3. 1. 46. 66. 144. 103. 0. 0.]适应度为:
0.9666000008583069

4.3.2 结合 sklearn 和 keras 的数据综合分析

通常需要对原始观测数据进行预处理。预处理时，要明确特征的个数和类型，检查是否存在缺失值，使用均值插补、建模插补等方式确定弥补缺失值，为防止过拟合或降低量纲影响而对数据进行正则化，使用多种函数关系（多项式、指数函数、双曲线函数等）及其组合来寻找指标之间的关系。

[例 4-20] 根据 keras 自带的皮马印第安人糖尿病数据集 pima-indians-diabetes.csv（重新命名为 E:/TumuPy/Ch04_05.csv），联合使用 sklearn 和 keras 进行数据综合分析。

[算例代码]

```
#1 设置环境与说明
#coding:UTF-8
```

```
#避免显示因为版本问题出现的警告
import os
os. environ['TF_CPP_MIN_LOG_LEVEL'] = '2'
#2 导入相关库
import pandas as pd
import numpy as np
import matplotlib. pyplot as plt
import seaborn as sns
from sklearn. feature_selection import SelectKBest
from sklearn. feature_selection import chi2
from sklearn. preprocessing import StandardScaler
from sklearn. model_selection import KFold
from sklearn. model_selection import cross_val_score
from sklearn. linear_model import LogisticRegression
from sklearn. naive_bayes import GaussianNB
from sklearn. neighbors import KNeighborsClassifier
from sklearn. tree import DecisionTreeClassifier
from sklearn. svm import SVC
from sklearn. model_selection import train_test_split
#3 读取与显示已知数据，提取数据特征，数据预处理
#3.1 读取已知数据
pima = pd. read_csv('E:/TumuPy/Ch04_05. csv ')
pima. head( )                        #默认显示前 5 行
pima. tail( )                        #默认显示后 5 行
pima. describe( )
#3.2 显示已知数据
pima. hist(figsize = (16, 14));
plt. show( )
pima. plot(kind = 'box', subplots = True, layout = (3,3), sharex = False, sharey = False, figsize = (16,
14));
corr = pima. corr( )                 #计算变量的相关系数，得到一个 N * N 的矩阵
plt. subplots(figsize = (14,12))     #可以先试用 plt 设置画布的大小，然后再作图，修改
sns. heatmap(corr, annot = True)     #使用热度图可视化这个相关系数矩阵
#3.3 提取数据特征
X = pima. iloc[:, 0:8]               #特征列 0~7 列，不含第 8 列
Y = pima. iloc[:, 8]                 #目标列为第 8 列
select_top_4 = SelectKBest(score_func = chi2, k = 4)   #通过卡方检验选择 4 个得分最高的特征
fit = select_top_4. fit(X, Y)                          #获取特征信息和目标值信息
features = fit. transform(X)                           #特征转换
features[0:5]
#构造新特征 DataFrame
X_features = pd. DataFrame(data = features, columns = ['Glucose','Insulin','BMI','Age'])
```

```
X_features. head( )
```

#3.4. 数据预处理（只使用标准化，将属性值更改为均值为 0、标准差为 1 的高斯分布.

```
rescaledX = StandardScaler( ). fit_transform(
    X_features) #通过 sklearn 的 preprocessing 数据预处理中 StandardScaler 特征缩放标准化特征信息
X = pd. DataFrame( data = rescaledX, columns = X_features. columns)    #构建新特征
DataFrame
X. head( )
```

#4 使用有监督的机器学习

#4.1 构建二分类算法模型

#1 将数据集分为训练集和测试集

```
X_train, X_test, Y_train, Y_test = train_test_split(
    X, Y, random_state = 2019, test_size = 0. 2)
```

#2 构建模型

```
models = [ ]
```

#3 设置分类方法

```
models. append( ( "LR", LogisticRegression( ) ) )         #逻辑回归
models. append( ( "NB", GaussianNB( ) ) )                  #高斯朴素贝叶斯
models. append( ( "KNN", KNeighborsClassifier( ) ) )       #K 近邻分类
models. append( ( "DT", DecisionTreeClassifier( ) ) )      #决策树分类
models. append( ( "SVM", SVC( ) ) )                        #支持向量机分类
```

#4 消除警告

```
import warnings
warnings. filterwarnings('ignore')
```

#5 设置初始值

```
results = [ ]
names = [ ]
```

#6 设置并显示模型训练参数

```
for name, model in models:
    kflod = KFold( n_splits = 10)
    cv_result = cross_val_score(
        model, X_train, Y_train, cv = kflod, scoring = 'accuracy')
    names. append( name)
    results. append( cv_result)
    print( results, names)
print('++++++++++++++++++++++++++++++++++++++++++++++++++++++++++++++')
for i in range( len( names) ):
        print( names[ i], results[ i]. mean)
```

#4.2 基于 PCA 的学习

```
from sklearn. decomposition import KernelPCA
kpca = KernelPCA( n_components = 2, kernel = 'rbf')
X_train_pca = kpca. fit_transform( X_train)
X_test_pca = kpca. transform( X_test)
```

```
#4.3 基于 SVM 的学习
X_train.shape,X_test.shape,X_train_pca.shape,X_test_pca.shape,Y_train.shape
plt.figure(figsize=(10,8))
plt.scatter(X_train_pca[:,0], X_train_pca[:,1],c=Y_train,cmap='plasma')
plt.xlabel("First principal component")
plt.ylabel("Second principal component")
#4.4 使用逻辑回归预测
from sklearn.metrics import accuracy_score
from sklearn.metrics import classification_report
from sklearn.metrics import confusion_matrix
lr = LogisticRegression()                        #LR 模型构建
lr.fit(X_train, Y_train) #
predictions = lr.predict(X_test)                 #使用测试值预测
print(accuracy_score(Y_test, predictions))       #显示评估指标（分类准确率）
print(classification_report(Y_test,predictions))
conf = confusion_matrix(Y_test, predictions)     #混淆矩阵
label = ["0","1"] #
sns.heatmap(conf, annot = True, xticklabels=label, yticklabels=label)
#5 使用人工神经网络模型进行分析
#5.1 导入相关库
from numpy import loadtxt
from keras.models import Sequential
from keras.layers import Dense
#5.2 载入已知数据
dataset = loadtxt("E:/TumuPy/Ch04_12.csv", delimiter=',')
#5.3 将已知数据拆分为属性值（前 8 列）和响应值（第 9 列）
#split into input (X) and output (y) variables
X = dataset[:,0:8]
y = dataset[:,8]
#5.4 定义 keras 模型（框架、隐含层及其主要参数）
model = Sequential()
model.add(Dense(12, input_dim=8, activation='relu'))
model.add(Dense(8, activation='relu'))
model.add(Dense(1, activation='sigmoid'))
#5.5 定义 keras 模型参数（损失函数、优化算法、准确度）
model.compile(loss='binary_crossentropy', optimizer='adam', metrics=['accuracy'])
#fit the keras model on the dataset
#5.5 在训练集上训练模型
model.fit(X, y, epochs=150,batch_size=10)
#5.6 评价模型有效性
_, accuracy = model.evaluate(X, y)
print('Accuracy: %.2f % (accuracy * 100))
```

[运行结果]

    Accuracy：75.78

4.3.3 使用物理信息人工神经网络 PINN 求解微分方程

下面简要介绍使用物理信息人工神经网络（physics-informed neural networks，PINN）求解偏微分方程的方法。

1. PINN 简介

PINN 将机器学习应用于数值领域，可以解决与偏微分方程相关的一些问题（如方程求解、参数反演）。

使用 PINN 时，先构建包括全连接层的神经网络，将这一网络作为偏微分方程解的代理模型，将偏微分方程信息作为约束，利用梯度优化算法进行训练，通过损失函数最小化获得满足预测精度的网络参数。损失函数主要包括偏微分结构损失、边值损失、初值损失、真实数据损失。

使用 PINN 进行反问题分析时，将一些其他数据（如部分观测点数值）作为已知信息，将方程中的参数作为未知变量、并加入到训练器中进行训练，根据网络训练结果获得反分析参数。

2. Deepxde 的安装

在 Anaconda 中使用 PINN 求解偏微分方程时，用得比较多的是模块 deepxde。下面简要说明模块 deepxde 的安装与主要微分方程的求解。

安装时，在激活位置运行 pip install deepxde 即可。

打开网页 https://github.com/lululxvi/deepxde，选择 Code/Download. ZIP，将相关文件保存到计算机中的相应位置，在这一位置将下载的文件解压，可得到有关方程解答代码的 py 文件与相关的说明。

下面介绍几个例子，更多的例子参见解压后的文件"deepxde-readthedocs-io-en-latest. pdf"。

3. 使用 PINN 求解与时域无关的方程

假设控制方程为

$$-\Delta u = \pi^2 \sin(\pi x), \quad x \in [-1, 1] \tag{4-45}$$

边界条件为

$$u(-1) = 0, \quad u(1) = 0 \tag{4-46}$$

精确解为

$$u(x) = \sin(\pi x) \tag{4-47}$$

[例 4-21] 使用 PINN 求解 Dirichlet 边界条件下的一维 Poisson 方程 [式 (4-45)]。

[算例代码]

```
#1 设置环境与说明
#coding:UTF-8
#避免显示因为版本问题出现的警告
```

```
import os
os. environ['TF_CPP_MIN_LOG_LEVEL'] ='2'
#2 导入相关库
import deepxde as dde #pip install deepxde
import matplotlib. pyplot as plt
import numpy as np
from deepxde. backend import tf
#3 确定已知数据
#3.1 定义偏微分方程
def pde(x, y):
    dy_xx = dde. grad. hessian(y, x)
    return -dy_xx - np. pi ** 2 * tf. sin(np. pi * x)
#3.2 定义边界上的点
def boundary(x, on_boundary):            #定义边界方程
    return on_boundary                   #定义边界方程的具体值
#3.3 计算精确解
def func(x):                             #计算精确解
    return np. sin(np. pi * x)           #计算精确解
#3.4 定义求解域
geom = dde. geometry. Interval(-1, 1)    #控制方程 (4-1) 的第 2 式
#3.5 定义边界条件形式
bc = dde. DirichletBC(geom, func, boundary)    #定义边界条件形式
#3.6 定义求解数据点
data = dde. data. PDE(geom, pde, bc, 16, 2, solution=func, num_test=100)
#4 定义 PINN
#4.1 定义网络结构
layer_size = [1] + [50] * 3 + [1]
#4.2 定义激活函数
activation = "tanh"
#4.3 定义初始化方法
initializer = "Glorot uniform"
#4.4 定义网络
net = dde. maps. FNN(layer_size, activation, initializer)
#4.5 建立基于数据的网络模型
model = dde. Model(data, net)
#4.6 设置网络模型参数
model. compile("adam", lr=0. 001, metrics=["l2 relative error"])
#5 训练网络模型
losshistory, train_state = model. train(epochs=10000)
#6 绘制 "x-残值" 的图形
x = geom. uniform_points(1000, True)
y = model. predict(x, operator=pde)
```

```
plt. figure( )
plt. plot( x , y ) ; plt. xlabel( "x" ) ; plt. ylabel( "PDE residual" )
plt. show( )
```

[运行结果]

见图 4-13。

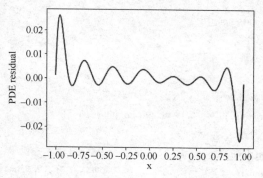

图 4-13　例 4-21 的运行结果（x 残值图形）

4. 使用 PINN 求解微分方程反问题

下面以 Lorenz 方程

$$dy_1/dx+10y_1-10y_2=0$$
$$dy_2/dx-28y_1+y_2+y_1y_3=0 \qquad (4-48)$$
$$dy_3/dx+(8/3)y_3-y_1y_2=0$$

为例，使用 PINN 求解微分方程的反问题。

[例 4-22] 以 Lorenz 方程 [式 (4-48)] 为例，使用 PINN 求解微分方程的反问题。

[算例代码]

```
#1 设置环境与说明
#coding:UTF-8
#避免显示因为版本问题出现的警告
import os
os. environ[ 'TF_CPP_MIN_LOG_LEVEL'] ='2'
#2 导入相关库
import deepxde as dde
import numpy as np
#3 定义初始值与已知数据
#3.1 定义初始值
C1 = dde. Variable( 11. 0)              #待定变量 C1（初值设置为 11. 0）
C2 = dde. Variable( 1. 0)               #待定变量 C2（初值设置为 1. 0）
C3 = dde. Variable( 2. 0)               #待定变量 C3（初值设置为 2. 0）
#3.2 导入 Lorenz 方程已知数据
def gen_traindata( ) :
    data = np. load( "E:/TumuPy/Ch04_06. npz" )  #Lorenz 方程已知数据
```

```
        return data["t"], data["y"]
observe_t, ob_y = gen_traindata()
```

#4 定义 Lorenz 方程

#4.1 定义基本微分方程

```python
def Lorenz_system(x, y):
    y1, y2, y3 = y[:, 0:1], y[:, 1:2], y[:, 2:]
    dy1_x = dde.grad.jacobian(y, x, i=0)
    dy2_x = dde.grad.jacobian(y, x, i=1)
    dy3_x = dde.grad.jacobian(y, x, i=2)
    return [
        dy1_x - C1 * (y2 - y1),
        dy2_x - y1 * (C2 - y3) + y2,
        dy3_x - y1 * y2 + C3 * y3,
    ]
```

#4.2 定义边界方程

```python
def boundary(_, on_initial):
    return on_initial
geom = dde.geometry.TimeDomain(0, 3)
```

#4.3 定义初始条件

```python
ic1 = dde.IC(geom, lambda X: -8, boundary, component=0)
ic2 = dde.IC(geom, lambda X: 7, boundary, component=1)
ic3 = dde.IC(geom, lambda X: 27, boundary, component=2)
```

#5 定义总的求解方程

#5.1 获得具体边界数据

```python
observe_y0 = dde.PointSetBC(observe_t, ob_y[:, 0:1], component=0)
observe_y1 = dde.PointSetBC(observe_t, ob_y[:, 1:2], component=1)
observe_y2 = dde.PointSetBC(observe_t, ob_y[:, 2:3], component=2)
```

#5.2 定义总方程

```python
data = dde.data.PDE(
    geom,
    Lorenz_system,
    [ic1, ic2, ic3, observe_y0, observe_y1, observe_y2],
    num_domain=400,
    num_boundary=2,
    anchors=observe_t,
)
```

#6 定义网络模型

#6.1 定义网络结构

```python
net = dde.maps.FNN([1] + [40] * 3 + [3], "tanh", "Glorot uniform")
```

#6.2 建立模型

```python
model = dde.Model(data, net)
```

#6.3 设置求解方法和训练常数

```
model. compile("adam", lr = 0.001, external_trainable_variables = [C1, C2, C3])
variable = dde. callbacks. VariableValue(
    [C1, C2, C3], period = 600, filename = "variables. dat"
)
#7 训练网络模型
losshistory, train_state = model. train(epochs = 60000, callbacks = [variable])
#8 显示反问题训练过程与计算结果
dde. saveplot(losshistory, train_state, issave = False, isplot = True)
```

[**运行结果**] 见图 4-14 和图 4-15。

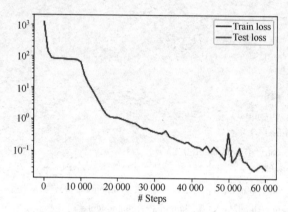

图 4-14 例 4-22 所得基于 PINN 的 Lorenz 方程反问题分析训练过程

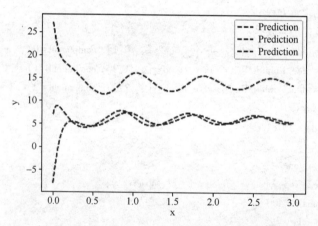

图 4-15 例 4-22 所得基于 PINN 的 Lorenz 方程反问题分析计算结果

习题 4

1. 根据本章所给算例，阐述使用 keras 和 tensorflow 建立人工神经网络对数据进行预测与分析的主要过程。

2. 已知某天不同时刻的温度、湿度及这些温湿度条件下对应的体感指数，使用 keras 列表方法建立 Sequential 模型（模型包括基本输入层、隐含层、全连接层），显示网络结构信息，绘制模型框架，设置训练总体参数与过程参数，训练所建网络模型并将所建模型保存到计算机中的适当位置。

3. 基于随机生成的训练数据集和验证数据集，使用 keras 多层添加方法建立含有 3 个隐含层和 1 个输出层的神经网络，分析激活函数类型、网络训练参数对预测结果的影响。

4. 使用 keras 自带的皮马印第安人糖尿病数据集 Ch04_12. csv，使用 keras 多层添加方法建立 Sequential 模型，分析隐含层中激活函数类型、神经元个数、网络训练参数对损失函数和模型有效性的影响。

5. 已知时序数据分别是 $[10,20,30,40]$、$[20,30,40,50]$、$[30,40,50,60]$、$[40,50,60,70]$，对应的响应序列分别是 $[2,3]$、$[4,5]$、$[6,7]$、$[8,9]$，试建立多层人工神经网络模型，预测新时序 $[50,60,70,80]$ 的响应。

6. 根据鸢尾花数据集（见第 3 章），联合使用 sklearn 和 keras 进行数据综合分析，写出数据分析报告。

7. 使用 PINN 求解方程 $-\Delta u = \sin x$，$x \in [-1,1]$，边界条件是 $u(-1)=0$，$u(1)=0$。

第 5 章 Python 结构工程应用基础

本章要点：

☑ 使用矩阵位移法进行结构工程问题的计算；
☑ 使用 Python 进行 AutoCAD 的二次开发；
☑ 使用 Python 进行悬臂梁受力变形的数值模拟。

5.1 使用矩阵位移法进行结构工程问题的计算

5.1.1 理论基础

在用力法或位移法求解结构受力或位移时，力学问题转化成线性代数方程的求解。在力法中，分析同一结构所用的基本结构可以不同；在位移法中，分析同一结构所用的基本结构形式相同。位移法的基本未知量是结构的关键位移，分为结点角位移和结点线位移。位移法的基本未知量的数量，等于约束全部关键位移的附加刚臂数量和链杆数量。

求解有 n 个位移法基本未知量的超静定结构时，应设置 n 个附加约束；每一个附加约束分别对应一结点或截面平衡条件，相应地也就有 n 个平衡条件。据此，可以建立 n 个方程，从而可以解出全部关键位移。此时，位移法方程可写为典型方程形式：

$$
\begin{aligned}
k_{11}\Delta_1 + k_{12}\Delta_2 + \cdots + k_{1n}\Delta_n + F_{1P} + F_{1c} + F_{1t} &= 0 \\
k_{21}\Delta_1 + k_{22}\Delta_2 + \cdots + k_{2n}\Delta_n + F_{2P} + F_{2c} + F_{2t} &= 0 \\
&\vdots \\
k_{n1}\Delta_1 + k_{n2}\Delta_2 + \cdots + k_{nn}\Delta_n + F_{nP} + F_{nc} + F_{nt} &= 0
\end{aligned}
\tag{5-1}
$$

其中，k_{ij} 称为刚度系数，为基本结构在单位位移 $\Delta j = 1$ 单独作用时在第 i 个附加约束上产生的反力；F_{iP} 称为自由项或荷载项，表示荷载单独作用时在第 i 个附加约束上产生的反力；F_{iP}、F_{ie}、F_{it} 分别为基本结构在荷载、支座位移和温度变化等因素作用时在第 i 个附加约束上产生的反力。所有系数和自由项与所设关键位移 Δj 的方向一致为正，反之则为负。

位移法典型方程的物理意义是：基本结构在结点独立位移和各种因素（荷载、支座位移、温度变化等）的共同作用下，附加约束上的反力等于零。

位移法的解题步骤如下。

① 选取位移法基本体系；
② 列出位移法基本方程；
③ 绘制单位弯矩图、荷载弯矩图；
④ 求位移方程中的系数，求解位移方程；
⑤ 根据 $M = \overline{M}_1\Delta_1 + \overline{M}_2\Delta_2 + \cdots + M_P$ 绘制弯矩图，进而绘制剪力图和轴力图。

　　由形常数绘制 $\overline{M}_i$（$\Delta_i = 1$ 引起的基本体系的弯矩图），由载常数绘制 M_P（荷载引起的基本体系的弯矩图），由结点矩平衡求附加刚臂中的约束力矩，由截面投影平衡求附加链杆中的约束力。

　　和力法相比，位移法更容易格式化处理、更易于建立起统一的途径和步骤，进而可以利用编程语言让计算机自动建立前述的线性代数方程。

　　采用矩阵位移法进行结构分析时，首先需对结点和杆件进行编号。例如，在分析图 5-1（a）所示的平面刚架时，可以如图 5-1（b）那样对该刚架的每一个结点和杆件进行编号。结点和杆件的编号顺序原则上是任意的，也就是说，对于同一个结构可以有不同的编号方法。

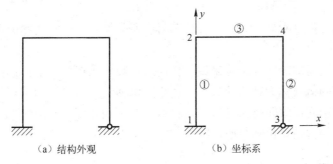

（a）结构外观　　　　　　（b）坐标系

图 5-1　结构外观与整体坐标系

　　在矩阵位移法中，将每一个编号的杆件称为一个单元，将原结构看成这些单元按照实际联结条件的组装。为了表示位移和力的方向，需为结构设定一个坐标系，这个坐标系称为结构的整体坐标系。

　　在线弹性范围内，反映结构单元 e 的位移 Δ 与荷载 F 之间关系的是单元刚度方程：

$$F^e = k^e \Delta^e \tag{5-2}$$

式中，k^e 为单元刚度矩阵；Δ^e 为单元的结点位移矩阵。单元刚度矩阵是单元的杆端力与杆端位移之间的关系矩阵。

　　对于一个结构，结构刚度方程为：

$$K\Delta = F \tag{5-3}$$

式中，K 为结构刚度矩阵；Δ 为结点位移向量，包括全部未知的结点位移；F 为结点荷载向量，包括已知结点的荷载。

　　求解结构刚度方程便可得到所有未知的结点位移，进而通过单元刚度方程可以求得每一个单元的杆端力与支座反力。

　　用矩阵位移法进行结构分析的大体步骤如下：

　　① 结构标识，包括结点编号、单元编号和坐标系的确定；

　　② 计算各单元刚度矩阵；

　　③ 形成结构刚度矩阵和结构刚度方程；

　　④ 求解结构刚度方程，得到未知的结点位移；

　　⑤ 计算各单元杆端力和支座反力。

　　在局部坐标系和结构坐标系中，杆端力和杆端位移的变换满足以下二式：

$$\overline{F}^e = TF^e \tag{5-4}$$

$$\overline{\Delta}^e = T\Delta^e \tag{5-5}$$

式中，$\overline{F}^e$ 和 $\overline{\Delta}^e$ 分别为结构坐标系中的单元的杆端力和杆端位移，T 为坐标转换矩阵（一个正交矩阵）、由下式计算：

$$T = \begin{bmatrix} \cos\alpha & \sin\alpha & 0 & 0 & 0 & 0 \\ -\sin\alpha & \cos\alpha & 0 & 0 & 0 & 0 \\ 0 & 0 & 1 & 0 & 0 & 0 \\ 0 & 0 & 0 & \cos\alpha & \sin\alpha & 0 \\ 0 & 0 & 0 & -\sin\alpha & \cos\alpha & 0 \\ 0 & 0 & 0 & 0 & 0 & 1 \end{bmatrix} \tag{5-6}$$

以上矩阵位移法都以刚架单元为例，计算时有所化简。对于桁架和梁单元，矩阵位移法的基本原理相同。

对于大部分承受荷载的实际结构来说，作用力一般作用在杆件上，这部分荷载称为结间荷载；作用在结点的荷载称为结点荷载。上述矩阵位移法针对的均为结点荷载。当有结间荷载存在时，先要将结间荷载转化为等效结点荷载，然后可以继续使用矩阵位移法进行求解。等效结点荷载为使结构结点位移与原结构相同时的结点荷载，数值上等于基本体系附加刚臂和链杆的反力。

下面是矩阵位移法的一道例题。

对于图 5-2 所示的结构，杆件 $EA = 0.5\,\text{kN}$，$EI = 1\,\text{kN} \cdot \text{m}^2$。用矩阵位移法解求杆端位移和杆端力，步骤如下。

① 对结构进行整体编码（如图 5-3 所示）。

② 计算局部坐标系中的单元刚度矩阵 $\overline{k}^e$。

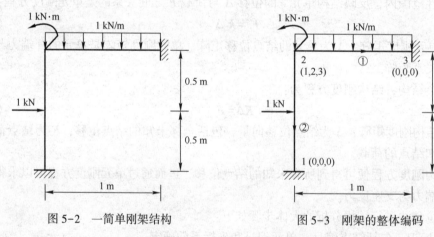

图 5-2　一简单刚架结构　　　　图 5-3　刚架的整体编码

$$\overline{k}^{\textcircled{1}} = \overline{k}^{\textcircled{2}} = \left[\begin{array}{ccc:ccc} 1 & 0 & 0 & -1 & 0 & 0 \\ 0 & 12 & 6 & 0 & -12 & 6 \\ 0 & 6 & 4 & 0 & -6 & 2 \\ \hdashline -1 & 0 & 0 & 1 & 0 & 0 \\ 0 & -12 & -6 & 0 & 12 & -6 \\ 0 & 6 & 2 & 0 & -6 & 4 \end{array}\right] \tag{5-7}$$

③ 计算整体坐标系中的单元刚度矩阵 k^e。

对单元①，$\alpha = 0°$，则

$$\boldsymbol{k}^{①} = \overline{\boldsymbol{k}}^{①} = \begin{bmatrix} 1 & 0 & 0 & -1 & 0 & 0 \\ 0 & 12 & 6 & 0 & -12 & 6 \\ 0 & 6 & 4 & 0 & -6 & 2 \\ -1 & 0 & 0 & 1 & 0 & 0 \\ 0 & -12 & -6 & 0 & 12 & -6 \\ 0 & 6 & 2 & 0 & -6 & 4 \end{bmatrix} \tag{5-8}$$

对单元②，$\alpha = 90°$，则

$$\boldsymbol{k}^{②} = \boldsymbol{T}^{\mathrm{T}} \overline{\boldsymbol{k}}^{②} \boldsymbol{T}$$

$$= \begin{bmatrix} 0 & -1 & 0 & & & \\ 1 & 0 & 0 & & 0 & \\ 0 & 0 & 1 & & & \\ & & & 0 & -1 & 0 \\ & 0 & & 1 & 0 & 0 \\ & & & 0 & 0 & 1 \end{bmatrix} \begin{bmatrix} 1 & 0 & 0 & -1 & 0 & 0 \\ 0 & 12 & 6 & 0 & -12 & 6 \\ 0 & 6 & 4 & 0 & -6 & 2 \\ -1 & 0 & 0 & 1 & 0 & 0 \\ 0 & -12 & -6 & 0 & 12 & -6 \\ 0 & 6 & 2 & 0 & -6 & 4 \end{bmatrix} \begin{bmatrix} 0 & 1 & 0 & & & \\ -1 & 0 & 0 & & 0 & \\ 0 & 0 & 1 & & & \\ & & & 0 & 1 & 0 \\ & 0 & & -1 & 0 & 0 \\ & & & 0 & 0 & 1 \end{bmatrix}$$

$$= \begin{bmatrix} 12 & 0 & -6 & -12 & 0 & -6 \\ 0 & 1 & 0 & 0 & -1 & 0 \\ -6 & 0 & 4 & 6 & 0 & 2 \\ -12 & 0 & 6 & 12 & 0 & 6 \\ 0 & -1 & 0 & 0 & 1 & 0 \\ -6 & 6 & 2 & 6 & 0 & 4 \end{bmatrix} \tag{5-9}$$

④ 集成整体刚度矩阵 $\boldsymbol{K}$。

单元①定位向量：$\boldsymbol{\lambda}^{①} = \begin{bmatrix} 1 & 2 & 3 \mid 0 & 0 & 0 \end{bmatrix}^{\mathrm{T}}$

单元②定位向量：$\boldsymbol{\lambda}^{②} = \begin{bmatrix} 1 & 2 & 3 \mid 0 & 0 & 0 \end{bmatrix}^{\mathrm{T}}$

$$\boldsymbol{K} = \begin{bmatrix} 1+12 & 0+0 & 0-6 \\ 0+0 & 12+1 & 6+0 \\ 0-6 & 6+0 & 4+4 \end{bmatrix} = \begin{bmatrix} 13 & 0 & -6 \\ 0 & 13 & 6 \\ -6 & 6 & 8 \end{bmatrix} \tag{5-10}$$

⑤ 求单元等效结点荷载列阵 $\boldsymbol{P}_E^{\ e}$。

对单元①：

$$\overline{\boldsymbol{F}}_P^{②} = \begin{bmatrix} 0 \\ 0.5 \\ 0.125 \\ 0 \\ 0.5 \\ -0.125 \end{bmatrix} \tag{5-11}$$

$$P_E{}^{②} = T^{\mathrm{T}}\bar{P}_E{}^{②} = \begin{bmatrix} 0 & -1 & 0 & & & \\ 1 & 0 & 0 & & 0 & \\ 0 & 0 & 1 & & & \\ \hdashline & & & 0 & -1 & 0 \\ & 0 & & 1 & 0 & 0 \\ & & & 0 & 0 & 1 \end{bmatrix} \begin{bmatrix} 0 \\ -0.5 \\ -0.125 \\ \hline 0 \\ -0.5 \\ 0.125 \end{bmatrix} = \begin{bmatrix} 0.5 \\ 0 \\ -0.125 \\ \hline 0.5 \\ 0 \\ 0.125 \end{bmatrix} \tag{5-12}$$

对单元②：

$$\bar{F}_P{}^{①} = \begin{bmatrix} 0 \\ -0.5 \\ -0.0833 \\ \hline 0 \\ -0.5 \\ 0.0833 \end{bmatrix} \tag{5-13}$$

$$P_E{}^{①} = \bar{P}_E{}^{①} = \begin{bmatrix} 0 \\ 0.5 \\ 0.0833 \\ \hline 0 \\ 0.5 \\ -0.0833 \end{bmatrix} \tag{5-14}$$

⑥ 集成整体荷载矩阵。

$$P_E = \begin{bmatrix} 0+0.5 \\ 0.5+0 \\ 0.0833-0.125 \end{bmatrix} = \begin{bmatrix} 0.5 \\ 0.5 \\ -0.0417 \end{bmatrix} \tag{5-15}$$

$$P_J = \begin{bmatrix} 0 \\ 0 \\ -1 \end{bmatrix} \tag{5-16}$$

$$P = P_E + P_J = \begin{bmatrix} 0.5+0 \\ 0.5+0 \\ -0.0417-1 \end{bmatrix} = \begin{bmatrix} 0.5 \\ 0.5 \\ -1.0417 \end{bmatrix} \tag{5-17}$$

⑦ 解方程求结点位移。

$$\begin{bmatrix} 13 & 0 & -6 \\ 0 & 13 & 6 \\ -6 & 6 & 8 \end{bmatrix} \begin{bmatrix} \Delta_1 \\ \Delta_2 \\ \Delta_3 \end{bmatrix} = \begin{bmatrix} 0.5 \\ 0.5 \\ -1.0417 \end{bmatrix} \tag{5-18}$$

得：

$$\begin{bmatrix} \Delta_1 \\ \Delta_2 \\ \Delta_3 \end{bmatrix} = \begin{bmatrix} -0.1569 \\ 0.2338 \\ -0.4232 \end{bmatrix} \tag{5-19}$$

⑧ 求各杆端力。

对单元①：

$$\overline{\boldsymbol{\Delta}}^{\textcircled{1}}=\boldsymbol{\Delta}^{\textcircled{1}}=\begin{bmatrix}-0.1569\\0.2338\\-0.4232\\\hline 0\\0\\0\end{bmatrix} \quad (5-20)$$

$$\overline{\boldsymbol{F}}^{\textcircled{1}}=\overline{\boldsymbol{k}}^{\textcircled{1}}\overline{\boldsymbol{\Delta}}^{\textcircled{1}}+\overline{\boldsymbol{F}}_{P}{}^{\textcircled{1}}$$

$$=\begin{bmatrix}1 & 0 & 0 & -1 & 0 & 0\\0 & 12 & 6 & 0 & -12 & 6\\0 & 6 & 4 & 0 & -6 & 2\\-1 & 0 & 0 & 1 & 0 & 0\\0 & -12 & -6 & 0 & 12 & -6\\0 & 6 & 2 & 0 & -6 & 4\end{bmatrix}\begin{bmatrix}-0.1569\\0.2338\\-0.4232\\\hline 0\\0\\0\end{bmatrix}+\begin{bmatrix}0\\-0.5\\-0.0833\\\hline 0\\-0.5\\0.0833\end{bmatrix} \quad (5-21)$$

$$=\begin{bmatrix}-0.157\\-0.234\\-0.373\\\hline 0.157\\-0.766\\0.640\end{bmatrix}$$

对单元②：

$$\boldsymbol{\Delta}^{\textcircled{2}}=\begin{bmatrix}-0.1569\\0.2338\\-0.4232\\\hline 0\\0\\0\end{bmatrix} \quad (5-22)$$

$$\overline{\boldsymbol{\Delta}}^{\textcircled{2}}=\boldsymbol{T}\boldsymbol{\Delta}^{\textcircled{2}}=\begin{bmatrix}0 & 1 & 0 & & & \\-1 & 0 & 0 & & 0 & \\0 & 0 & 1 & & & \\ & & & 0 & 1 & 0\\ & 0 & & -1 & 0 & 0\\ & & & 0 & 0 & 1\end{bmatrix}\begin{bmatrix}-0.1569\\0.2338\\-0.4232\\\hline 0\\0\\0\end{bmatrix}=\begin{bmatrix}0.2338\\0.1569\\-0.4232\\\hline 0\\0\\0\end{bmatrix} \quad (5-23)$$

$$\overline{\boldsymbol{F}}^{\textcircled{2}}=\overline{\boldsymbol{k}}^{\textcircled{2}}\overline{\boldsymbol{\Delta}}^{\textcircled{2}}+\overline{\boldsymbol{F}}_{P}{}^{\textcircled{2}}$$

$$=\begin{bmatrix}1 & 0 & 0 & -1 & 0 & 0\\0 & 12 & 6 & 0 & -12 & 6\\0 & 6 & 4 & 0 & -6 & 2\\-1 & 0 & 0 & 1 & 0 & 0\\0 & -12 & -6 & 0 & 12 & -6\\0 & 6 & 2 & 0 & -6 & 4\end{bmatrix}\begin{bmatrix}0.2338\\0.1569\\-0.4232\\\hline 0\\0\\0\end{bmatrix}+\begin{bmatrix}0\\0.5\\0.125\\\hline 0\\0.5\\-0.125\end{bmatrix}$$

$$= \begin{bmatrix} 0.234 \\ -0.157 \\ -0.627 \\ \hline -0.234 \\ 1.157 \\ -0.030 \end{bmatrix} \qquad (5-24)$$

5.1.2　程序实现

下面以综合实例形式说明矩阵位移法的 Python 实现。实现过程分成较多步骤，分别简要说明。

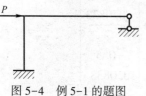

图 5-4　例 5-1 的题图

[例 5-1] 结构如图 5-4 所示，杆件弹性模量为 E、截面面积为 A、截面惯性矩为 I，竖向杆件长度为 l，横向杆件长度为 $2l$。使用 Python 完成这个结构的矩阵位移法解题，求出其各结点弯矩和位移，并将结果保存在 Excel 文件中。

[算例代码]

[已知文件说明]

已知文件为"E:\TumuPy\C05_01.txt"，包含杆件数目、结点数目、杆件长度等信息。文件内用空格将每个数据/符号分隔，每个数字/符号表示的含义如下。

```
杆件数 n 结点数 m
第 1 根杆件的：始端结点编号 末端结点编号 与 x 轴的夹角 长度
第 2 根杆件的：始端结点编号 末端结点编号 与 x 轴的夹角 长度
    ⋮
第 n 根杆件的：始端结点编号 末端结点编号 与 x 轴的夹角 长度
第 1 个结点的：x 方向位移 y 方向位移 转角 x 方向受力 y 方向受力 所受弯矩
第 2 个结点的：x 方向位移 y 方向位移 转角 x 方向受力 y 方向受力 所受弯矩
    ⋮
第 m 个结点的：x 方向位移 y 方向位移 转角 x 方向受力 y 方向受力 所受弯矩
```
本例中，未知的结点位移和力用 l 表示。

[代码段 1]

```
#1 设置计算环境
#coding:UTF-8
#2 导入计算所需库
from numpy import *
from math import *
import xlsxwriter as xw
import sympy
import codecs
```

此段代码导入 numpy 和 math 等数字计算库、excel 写入库 xlsxwriter、符号计算库 sympy、编码转换库 odecs。

[代码段 2]

```
#3 定义主函数, 用于求解和写入 Excel 文件
def main():
    #  3.1 输入文件名
    path = input('请输入文件名:')        #输入文件名 E:\TumuPy\C05_01.txt
    try:
        file = codecs.open(path, 'r', encoding='utf-8')
    except:
        print('文件不存在,请检查,程序结束运行。\n')
    #  3.2 将文件中的所有数据存储在 data 变量里
    data = file.readlines()
    #首先将行索引设为 0
    time = 0
    #将多余字符去掉, 将杆件数和结点数储存在 num 和 point 中
    line = data[time].strip('\r\n')
    temps = line.split(' ', line.count(' '))
    num = int(temps[0])
    point = int(temps[1])
    #  3.3 初始化各变量
    #将弹性模量 E 设为全局变量, 定义弹性模量和长度 l
    global E
    E = sympy.Symbol('E')
    l = sympy.Symbol('l')
    #定义杆件的截面面积和惯性矩
    A = sympy.Symbol('A')
    I = sympy.Symbol('I')
    A_mat = matrix([A, A])
    I_mat = matrix([I, I])
    #定义各杆件的储存单位刚度矩阵的列表 m 并初始化
    m = list(range(num))
    #初始化总刚度矩阵 mm
    mm = zeros((point * 3, point * 3))
    #初始化结点位移、结点受力、角度、长度变量
    uv = [0] * (point * 3)
    forces = [0] * (point * 3)
    angle = zeros(num)
    length = [0] * num
    #初始化杆端 (始/末) 结点
    num1 = zeros(num)
    num2 = zeros(num)
    #行索引增加 1
```

```
time = time + 1
#  3.4 生成对应位置的总刚度矩阵
for i in range(num):
    line = data[time].strip('\r\n')
    temps = line.split(' ', line.count(' '))
    #存储各杆件的角度、长度、始端结点、末端结点
    angle[i] = float(temps[2])
    length[i] = for_num(temps[3])
    num1[i] = int(temps[0])
    num2[i] = int(temps[1])
    #计算各杆件的单元刚度矩阵
    m[i] = mat(angle[i], length[i] * 1, A_mat[0,i], I_mat[0,i])
    #将单元刚度矩阵放入总刚度矩阵中的对应位置
    m[i] = assemble(m[i], num1[i], num2[i], point)
    time = time + 1
#  3.5 求总刚度矩阵
for i in range(num):
    mm = mm + m[i]
#  3.6 将各结点位移和受力分别放入 uv 和 forces 变量中
for i in range(point):
    line = data[time].strip('\r\n')
    temps = line.split(' ', line.count(' '))
    uv[i * 3] = for_num(temps[0])
    uv[i * 3 + 1] = for_num(temps[1])
    uv[i * 3 + 2] = for_num(temps[2])
    forces[i * 3] = for_num(temps[3])
    forces[i * 3 + 1] = for_num(temps[4])
    forces[i * 3 + 2] = for_num(temps[5])
    time = time + 1
file.close()
#找出已知位移量,并删除
location = get_location_in_list(uv, 0)
#  3.7 计算未知结点位移
mm_delete = delete(mm, [location], axis=1)
mm_delete = delete(mm_delete, [location], axis=0)
forces_delete = delete(forces, [location], axis=0)
uv_mat = sympy.Matrix((sympy.Matrix(mm_delete) ** -1) * (sympy.Matrix(forces_delete)))
uv = add_unknown_displacement(point, uv_mat, location)
uv = matrix(uv)
forces = (mm.dot(uv.T))
print(uv)
print(forces)
```

```
#    3.8 将结果存入 Excel 文件中
workbook = xw. Workbook('E:\TumuPy\C05_02. xlsx')
force_sheet = workbook. add_worksheet('结点力')
force_sheet. write(0,0,'结点编号')
force_sheet. write(0,1, 'Fx')
force_sheet. write(0,2, 'Fy')
force_sheet. write(0,3, 'M')
uv_sheet = workbook. add_worksheet('结点位移')
uv_sheet. write(0,0,'结点编号')
uv_sheet. write(0,1, 'u')
uv_sheet. write(0,2, 'v')
uv_sheet. write(0,3, 'theta')
for i in range(point):
    force_sheet. write(i+1, 0,str(int(i+1)))
    force_sheet. write(i+1, 1, str(forces[3 * i, 0]))
    force_sheet. write(i+1, 2, str(forces[3 * i + 1, 0]))
    force_sheet. write(i+1, 3, str(forces[3 * i+2, 0]))
    uv_sheet. write(i+1, 0,str(int(i+1)))
    uv_sheet. write(i + 1, 1, str(uv[0,3 * i]))
    uv_sheet. write(i+1, 2, str(uv[0,3 * i + 1]))
    uv_sheet. write(i + 1, 3, str(uv[0,3 * i+2]))
workbook. close()
```

[代码段 2 的说明]　此段代码为主函数的编写，主要包括以下工作：

① 读取输入文件的内容，将文件中的所有内容按行储存在 data 中，读取首行的杆件数和结点数并储存在 num 和 point 中。

② 定义弹性变量等符号变量，以方便后续的符号计算。若需要赋值，可在计算完成后再为各符号变量赋值，得到最终计算结果。

③ 将各需要的变量进行初始化，根据后续计算选择不同的数据类型。如 m 用于储存不同杆件的单元刚度矩阵，定义为有单元元素的列表；mm 为总刚度矩阵，是 numpy 数组，矩阵阶数为 3 倍的结点数。

④ 计算各杆件的单元刚度矩阵，进而求出该结构的总刚度矩阵。

⑤ 将输入文件中后三行的数据提取出来并整理进入相应的列表。

⑥ 完成未知位移和受力的计算，将计算结果保存在原位移列表和受力列表中，将结构的结点位移和结点受力都显示出来。

⑦ 求解出结构的杆端位移和杆端力并存入 Excel 文件。

[代码段 3]

```
#4 建立整体坐标系下的单元刚度矩阵
def mat(angle, length, A, I):
    lamda = cos(angle / 180 * pi)
    miu = sin(angle / 180 * pi)
```

```
#具体可参考结构力学相关书籍
    a1 = E * A * lamda ** 2/length + 12 * E * I * miu ** 2/length ** 3
    a2 = (E * A/length-12 * E * I/length ** 3) * lamda * miu
    a3 = E * A/length * miu ** 2 + 12 * E * I * lamda ** 2/length ** 3
    a4 = 6 * E * I * miu/length ** 2
    a5 = 6 * E * I * lamda/length ** 2
    a6 = 4 * E * I/length
    return matrix([[a1, a2, a4, -a1, -a2, a4],
                   [a2, a3, a5, -a2, -a3, a5],
                   [a4, a5, a6, -a4, -a5, a6/2],
                   [-a1, -a2, -a4, a1, a2, -a4],
                   [-a2, -a3, -a5, a2, a3, -a5],
                   [a4, a5, a6/2, -a4, -a5, a6]])
```

此段代码为主函数中的 mat 函数，功能为计算一个单元在整体坐标系下的单元刚度矩阵，代码中的 lamda 和 miu 是为方便计算 a1~a6 的中间数字。

[代码段 4]

```
#5 将单元刚度矩阵放入总刚度矩阵中的对应位置
def assemble(m, num1, num2, point):
#将总刚度矩阵其他位置的数设为 0
    for i in range(point * 3):
        if i not in [num1 * 3 - 3, num1 * 3 - 2, num1 * 3 - 1, num2 * 3 - 3, num2 * 3 -
2, num2 * 3 - 1]:
            m = insert(m, [i], zeros(m.shape[1]), axis=0)
    for i in range(point * 3):
        if i not in [num1 * 3 - 3, num1 * 3 - 2, num1 * 3 - 1, num2 * 3 - 3, num2 * 3 -
2, num2 * 3 - 1]:
            m = insert(m, [i], array([zeros(m.shape[0])]).T, axis=1)
    return m
```

此段代码为主函数中的 assemble 函数，用于将单元刚度矩阵大小扩充到和整体刚度矩阵大小相同的矩阵。

[代码段 5]

```
#6 获取已知位移的索引
def get_location_in_list(x, target):
    items = [i for (i, m) in enumerate(x) if m == target]
    return items
#7 将计算出的未知位移与已知位移合并
def add_unknown_displacement(point, unknown_dis, loca):
    temp = [0] * (point * 3)
    t = 0
```

```
            for i in range(point * 3):
                if i not in loca:
                    temp[i] = unknown_dis[t, 0]
                    t = t + 1
                else:
                    temp[i] = 0
            return temp
```

此段代码为 get_location_in_list 函数和 add_unknown_displacement。get_location_in_list 函数用于获取已知位移索引；add_unknown_displacemen 用于合并未知位移与已知位移。

[代码段 6]

```
    #8 将文本文件中的数字或符号转换成对应的数据类型
    def for_num(str_):
        try:
            return float(eval(str_))
        except:
            return sympy.Symbol(str_)
    #9 运行主函数
    if __name__ == '__main__':
        main()
```

此段代码将文本内容转换成对应数据类型并执行主函数。

以上代码使用 Python 完成了结构矩阵位移法解题的任务，也可用于其他部分结构的计算，但有一些限制条件：

① 结构受力需用符号（如 P、M）表达，不能直接使用数字。若需要用于结构受力为具体数值的情况，则可以在计算完成后使用以下代码：

```
    uv_algebra = sympy.Matrix(uv).subs({P:50})
```

② 不适用于结构中出现温度变化或支座位移的情况；若用于结构有温度变化的情况，需要先计算出等效结点荷载；若用于原结构有支座位移的情况，在计算出等效结点荷载的基础上进行后续计算时需要进行相应的变换；

③ 对于桁架结构，以上代码无法计算出杆件轴力。

[运行结果]

```
    [[0 0 0 0.183333333333333 * P * l ** 3/(E * I) 0 0.2 * P * l ** 2/(E * I)
      0.183333333333333 * P * l ** 3/(E * I) 0 -0.1 * P * l ** 2/(E * I)]]
    [[1.2 * P + 0.183333333333333 * P * l ** 3 * (-3.74939945665464e-33 * A * E/l - 12.0 * E * I/
    l ** 3)/(E * I)]
    [7.34788079488412e-17 * P + 0.183333333333333 * P * l ** 3 * (-6.12323399573677e-17 * A *
    E/l + 7.34788079488412e-16 * E * I/l ** 3)/(E * I)]
```

$[-0.7 * P * 1]$

$[-0.0916666666666667 * A * P * 1 ** 2/I - 1.2 * P + 0.183333333333333 * P * 1 ** 3 * (0.5 * A * E/1 + 12.0 * E * I/1 ** 3)/(E * I)]$

$[0.15 * P + 0.183333333333333 * P * 1 ** 3 * (6.12323399573677e - 17 * A * E/1 - 7.34788079488412e-16 * E * I/1 ** 3)/(E * I)]$

$[8.32667268468867e-17 * P * 1]$

$[0]$

$[-0.15 * P]$

$[-2.77555756156289e-17 * P * 1]]$

计算完成,结果保存于文件 E:\TumuPy\C05_02. xlsx

文件 "E:\TumuPy\C05_02. xlsx" 中的内容如图 5-5 所示。

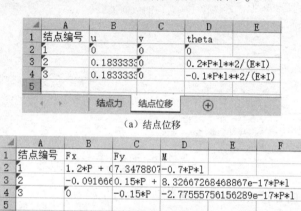

(a) 结点位移

(b) 结点力

图 5-5　文件 E:\TumuPy\C05_02. xlsx 中的内容

5.2　使用 Python 进行 AutoCAD 的二次开发

5.2.1　pyautocad 的安装

在 "开始" 菜单中单击 anaconda3 (64-bit) / anaconda prompt (anaconda3)。
在打开的命令窗口中输入以下命令:

```
pip install pyautocad
```

5.2.2　pyautocad 开发实例

[例 5-2] 使用 Python 语言和 pyautocad 实现几条直线和圆的制作。

[算例代码]

```
#coding:UTF-8
#1 准备工作-导入相关模块
import pythoncom
import win32com. client
import math
from pyautocad import Autocad, APoint
#查看 Autocad 是否打开 (如未打开, 则打开)
pyacad = Autocad(create_if_not_exists=True)
acad = Autocad()
#2 激活 AutoCAD
wincad = win32com. client. Dispatch("AutoCAD. Application")
doc = wincad. ActiveDocument
msp = doc. ModelSpace
#3 绘制直线和圆
p1 = APoint(0,0)
p2 = APoint(50,25)
for i in range(5):                    #绘制 5 条直线和 5 个圆
    text = acad. model. AddText('Hi %s! ' % i, p1, 2.5)
    acad. model. AddLine(p1, p2)      # 3   绘制直线和圆
    acad. model. AddCircle(p1, 10)    # 3   绘制直线和圆
    p1. y += 10                       #直线起点和圆心循环
#可以在布局中看到结果显示
```

[运行结果] 见图 5-6。

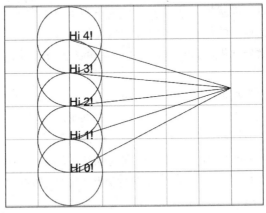

图 5-6　例 5-2 的运行结果

5.3　使用 Python 进行悬臂梁受力变形的数值模拟

在有限元分析软件 Abaqus 中, 可以使用 Python 代码完成参数化建模与后处理工作。下面先简述有限元分析的理论基础, 然后编制有限元分析软件 Abaqus 中的 Python 代码。

5.3.1 有限元分析理论基础

有限元法（finite element method）是一种将连续问题离散化的数值计算方法，在结构分析领域应用广泛。其理论基础主要源于能量原理，这一原理揭示了在外力作用下弹性体的变形、应力及外力之间的关系。为了较好理解有限元法，本部分简要介绍有限元分析中两个常见的原理：虚功原理和最小势能原理。

虚功原理是虚位移原理和虚应力原理的总称，它们都可以认为是与某些控制方程相等效的积分"弱"形式。虚功原理是有限元分析中的基本原理，它将复杂的连续问题转化为简单的离散化方程求解问题。虚功原理的基本思想是：变形体中任意满足平衡的力系在任意满足协调条件的变形状态上做的虚功等于零，即体系外力的虚功与内力的虚功之和等于零。可以看出，虚位移原理等价于平衡微分方程与力学边界条件，表述了力系平衡的必要而充分条件。这一原理在有限元法实现过程中发挥着重要作用，不仅可以应用于弹性力学问题，还可以应用于非线性弹性及弹塑性等非线性问题。但是必须指出，无论是虚位移原理还是虚应力原理，所依赖的几何方程和平衡方程都是基于小变形理论，不能直接应用于基于大变形理论的力学问题。

最小势能原理是有限元法中的另一个重要原理。根据这一原理，求解所得应力将使系统总能量达到最小值。这一原理体现了能量原理的核心思想（能量守恒）。通过运用最小势能原理，有限元法能够有效处理各种复杂的结构力学问题，为工程领域的实际应用提供了有力支持。最小势能原理可以进行如下概括性表述：弹性体受到外力作用时，在所有满足位移边界条件和变形协调条件的可位移部分中，真实位移使系统总势能达到最小值。根据最小势能原理，弹性体在外力作用下的位移应满足几何方程和位移边界条件，同时使物体总势能取最小值。需要注意的是，最小势能原理仅适用于弹性力学问题。

有限元方法的基础是变分原理和加权余量法，基本求解思想是把计算域划分为有限个互不重叠的单元；在每个单元内选择一些合适的结点作为求解函数的插值点，将微分方程中的变量改写成由各变量或其导数的结点值与所选用的插值函数组成的线性表达式，借助于变分原理或加权余量法，将微分方程离散求解。采用不同的权函数和插值函数，便构成不同的有限元方法。

在进行有限元离散化和数值求解时，首先需要为分析问题设计计算模型，包括确定哪些特征是需要重点关注的（以忽略不相关的细节）、选择描述结果行为的合适理论或数学公式，同时将材料抽象为线弹性和各向同性的模型。根据问题的维数、荷载及理论化的边界条件，可以采用梁理论、板弯曲理论、平面弹性理论或其他理论来描述结构响应。在求解过程中运用所选理论对问题进行简化、构建相应的计算模型，这样就可以更加准确地预测结构响应。

有限元网格划分，通常被称为连续体离散化，是一种将连续体划分为有限个具有特定规则形状的单元集合的方法。在这种情况下，相邻的两个单元仅通过若干个结点相互连接，每个连接点被称为结点。在设置、性质和数量等方面，单元结点应根据问题性质、变形需求和计算精度进行调整。为了合理而有效地表示连续体，需要适当选择单元的类型、数量、大小和排列方式。有限元法的常用单元如图 5-7 所示。

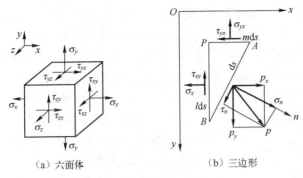

（a）六面体　　　　　　（b）三边形

图 5-7　有限元法中的常用单元

离散化模型与传统模型的区别在于，单元之间仅通过结点相互连接和相互作用、而无其他连接。因此，这种连接必须满足变形协调条件。离散化是将无限多自由度连续体转化为有限多自由度离散体的过程，这一过程不可避免地会导致误差。离散化误差可分为建模误差和离散化误差两种类型，降低这两种误差可以分别通过优化模型结构、增加单元数目来实现。

如图 5-8 所示，当单元数目较多，且模型与实际问题较为接近时，所得的分析结果往往能够更好地反映实际情况。

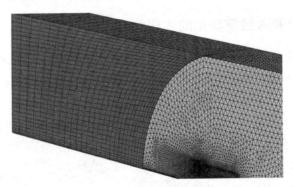

图 5-8　网格划分示例

为了提高离散化模型的准确性和可靠性，需要关注建模误差和离散化误差的影响，并采取相应的措施进行优化。在实际应用中，可以通过选择合适的单元数目、优化模型结构、采用先进的计算方法等手段来减小离散化误差，从而提高离散化模型的有效性和实用性。

在有限元法中，可以选择不同的基本未知量来构建模型。按基本未知量的不同，有限元法可分为三大类，即有限元位移法、有限元力法和有限元混合法。若选择结点位移作为基本未知量，则称为有限元位移法；若选择结点力作为基本未知量，则称为有限元力法；而取一部分力和一部分结点位移作为基本未知量的方法，称为有限元混合法。相比于力法，位移法具有更易于实现计算机自动化的优势，因此位移法得到了广泛应用。

采用位移法进行计算时，单元内的物理量（如位移、应力、应变）都可以通过结点位移来描述。在有限元法中，首先需要将单元内的位移表示成单元结点位移函数。通常情况下，位移函数为多项式形式，最简单的情况是线性多项式。根据单元的材料性质、形状、尺寸、结点数目、位移和含义等，可以应用弹性力学中的几何方程和物理方程来建立结点荷载和结点位移的方程式，导出单元的刚度矩阵。

在计算等效结点荷载、连续体离散化后，可以观察到单元之间力的传递过程。为了准确描述结构中力的传递关系，需要将作用在单元边界上的表面力、体积力或集中力等效地移到结点上，用等效结点力来代替所有在单元上的力。得到整个结构的平衡方程后，还需要考虑边界条件或初始条件来求解平衡方程组。求解结果是单元结点处状态变量的近似值。可将计算结果与设计准则进行比较来评价计算质量、判断是否需要重复计算。

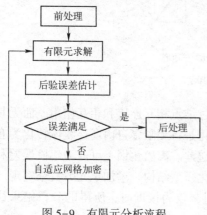

图 5-9　有限元分析流程

图 5-9 为有限元分析流程。可以看出，有限元分析通常分为三个阶段：前处理、求解和后处理。在前处理阶段，需要建立有限元模型并完成单元网格划分。而后处理阶段则是采集求解分析结果，使用户能够简便地提取信息并了解计算结果。在实际工程问题中，结构的几何形状、边界条件、约束条件和外荷载通常比较复杂。为了简化问题，需要进行相应的简化操作，所建模型需要尽可能地反映实际情况，计算求解过程也需要尽可能简单。

作为一种离散化的数值计算方法，有限元分析是结构分析的基本方法，具有重要的实际应用价值。

5.3.2　悬臂梁受力变形数值模拟的实现

下面以悬臂梁受力变形数值模拟为例，说明使用 Python 语言实现有限元分析的过程。

[例 5-3]　使用 Python 语言实现悬臂梁受力变形的数值模拟。

[算例代码]

```
#coding:UTF-8
#0 准备工作-导入 abaqus
from abaqus import *
from abaqusConstants import *
import interaction
import connectorBehavior
import optimization
import sketch
#1 创建模型
#1.1 设置模型名
myModel = mdb. Model( name ='Beam')
#1.2 创建新视图 (用于显示模型和分析结果)
myViewport = session. Viewport( name='简例-悬臂梁-徐金明改进', origin =(5, -35), width=300,
height=130)
#2 创建组件
#2.1 准备工作-导入 abaqus 组件模块
import part
#2.2 创建草图 (设置基本特征)
mySketch = myModel. ConstrainedSketch( name ='beamProfile', sheetSize=250.)
```

\#2.3 创建长方形

mySketch. rectangle(point1 = (-100,10) , point2 = (100, -10))

\#2.4 创建长方体（三维、可变形体）

myBeam = myModel. Part(name ='Beam', dimensionality = THREE_D,
　　type = DEFORMABLE_BODY)

\#2.5 创建组件基本特征（由草图拉伸 25.0 而成）

myBeam. BaseSolidExtrude(sketch = mySketch, depth = 25.0)

\#3 创建材料

\#3.1 准备工作–导入 abaqus 材料模块

import material

\#3.2 创建材料

mySteel = myModel. Material(name ='Steel')

\#3.3 设置材料属性（弹性模量 209. E3 和泊松比 0.3）

elasticProperties = (209. E3, 0.3)

mySteel. Elastic(table = (elasticProperties,))

\#4 创建断面

\#4.1 准备工作–导入 abaqus 断面模块

import section

\#4.2 创建均质固体断面名称

mySection = myModel. HomogeneousSolidSection(name ='beamSection',
　　material ='Steel', thickness = 1.0)

\#4.3 将已知断面分派到区域

region = (myBeam. cells,)

myBeam. SectionAssignment(region = region, sectionName ='beamSection')

\#5 进行组装

\#5.1 准备工作–导入 abaqus 组装模块

import assembly

\#5.2 创建部件实例（句柄）

myAssembly = myModel. rootAssembly

\#5.3 设置部件实例（名称，部件，决定性）

myInstance = myAssembly. Instance(name ='beamInstance',
　　part = myBeam, dependent = OFF)

\#6 设置模拟步

\#6.1 准备工作–导入 abaqus 模拟步模块

import step

\#6.2 创建模拟步（名称，时域步长 = 1.0，初始增量 = 0.1，模拟步在初始步后创建，描述）

myModel. StaticStep(name ='beamLoad', previous ='Initial',
　　timePeriod = 1.0, initialInc = 0.1, description ='Load the top of the beam. ')

\#7 加入载荷

\#7.1 准备工作–导入 abaqus 载荷模块

import load

\#7.2 载入边界条件 1–端部固定约束

```
#找到边界面中的一点（坐标）
endFaceCenter = (-100,0,12.5)
#找到该点所在的面
endFace = myInstance. faces. findAt((endFaceCenter,))
#将该面进行固定约束
endRegion = (endFace,)
myModel. EncastreBC(name='Fixed',createStepName='beamLoad', region=endRegion)
#7.3 载入边界条件2-顶部分布荷载
#找到顶面中的一点（坐标）
topFaceCenter = (0,10,12.5)
#找到该点所在的面
topFace = myInstance. faces. findAt((topFaceCenter,))
#在该面上施加分布荷载
topSurface = ((topFace, SIDE1),)
myModel. Pressure(name='Pressure', createStepName='beamLoad',
    region=topSurface, magnitude=0.5)
#8 划分网络
#8.1 准备工作-导入 abaqus 划分网络模块
import mesh
#8.2 将单元类型赋予组件实例
region = (myInstance. cells,)
elemType = mesh. ElemType(elemCode=C3D8I, elemLibrary=STANDARD)
myAssembly. setElementType(regions=region, elemTypes=(elemType,))
#8.3 设置组件实例的种子
myAssembly. seedPartInstance(regions=(myInstance,), size=10.0)
#8.4 对组件实例进行网络划分
myAssembly. generateMesh(regions=(myInstance,))
#8.5 显示网络划分结果
myViewport. assemblyDisplay. setValues(mesh=ON)
myViewport. assemblyDisplay. meshOptions. setValues(meshTechnique=ON)
myViewport. setValues(displayedObject=myAssembly)
#9 进行计算工作
#9.1 准备工作-导入 abaqus 工作模块
import job
#9.2 创建并提交分析工作（工作名称，模型名称，描述说明）
jobName = '悬臂梁'
myJob = mdb. Job(name=jobName, model='Beam', description='Cantilever beam tutorial')
myJob. submit()
#10 计算结果的可视化处理
#10.1 准备工作-导入 abaqus 可视化模块
import visualization
#10.2 打开数据库，显示默认云图
```

```
myOdb = visualization. openOdb( path = jobName + '. odb')
myViewport. setValues( displayedObject = myOdb)
myViewport. odbDisplay. display. setValues( plotState = CONTOURS_ON_DEF)
myViewport. odbDisplay. commonOptions. setValues( renderStyle = FILLED)
mdb. saveAs( pathName = 'C:/temp/xjm34')
```

习题 5

1. 参考本书的算例，用矩阵位移法求解以下结构，将结果保存为 Excel 文件。

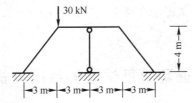

2. 参考本书的算例，求解以下结构，将结果保存为 Excel 文件。

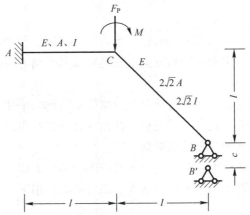

3. 参考本书的算例，使用 Python 编程平台实现一个结构问题的有限元计算。

4. 使用 Python 语言和 pyautocad 实现矩形和正三角形的制作。

5. 使用 Python 语言实现简支梁受力变形的数值模拟、分析材料属性（弹性模量和泊松比）对梁端竖向位移的影响。

第 6 章　Python 岩土工程应用基础

本章要点：

- ☑ 使用 Python 实现循环剪切试验的数据分析；
- ☑ 使用 Python 编制浅基础沉降计算的可视化应用程序；
- ☑ 使用 Python 实现单桩荷载位移关系的模拟；
- ☑ 基于人工神经网络的基坑施工影响分析。

6.1　使用 Python 实现循环直剪试验的数据分析

6.1.1　理论基础

　　循环直剪试验（cyclic direct shear test）是土力学和地震工程领域中用于研究岩土体动力特性的一种常用试验方法，主要用于研究土壤在地震或其他动力荷载下的应力应变响应、剪切变形特性以及液化行为。

　　循环直剪试验基于剪切变形原理，通过对土壤样本施加水平往复荷载来模拟实际地震或动力荷载作用下土壤的应力变化和剪切变形。在循环直剪试验中，土体样本在垂直方向受到一定的围压，在水平方向施加往复剪切荷载。

　　循环直剪试验中，土体样本在剪切过程中经历不同的应力路径，包括剪切变形阶段和反弹阶段。这些应力路径有助于了解土体在地震或动力荷载作用下的应力应变特性、剪切行为的变化规律。

　　根据循环直剪试验结果，可以获得土体在不同剪切应力水平下的剪切强度、剪切模量、剪切应变等动力特性参数。这些参数对于土体动力特性研究和地震工程设计都有重要意义。其中，骨架曲线和能量耗散能力是最常用的两个方面。

　　① 骨架曲线：试体的骨架曲线取荷载变形曲线中各级加载第一次循环峰值点所连成的包络线。

　　② 能量耗散能力，通常以荷载–变形滞回曲线所包围的面积来衡量，可以用能量耗散系数 E 或等效阻尼比 ζ_{eq} 来评价，分别按下列公式计算（见图 6-1）。

$$E = \frac{S_{(ABC+CDA)}}{S_{(OBE+ODF)}}$$

$$\zeta_{eq} = \frac{1}{2\pi} \cdot \frac{S_{(ABC+CDA)}}{S_{(OBE+ODF)}}$$

　　总的来说，循环直剪试验的目的在于模拟土壤在地震或动力荷载下的岩土体实际行为，研究分析土体的剪切变形特性和液化行为，可以为抗震工程岩土体动力响应分析提供重要的参考数据。

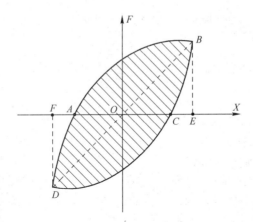

图 6-1　等效黏滞阻尼系数计算

6.1.2　应力应变滞回曲线分析

[例 6-1]　循环直剪试验结果数据保存在 E:/TumuPy/C06_01.xls 中，使用 Python 绘制循环直剪试验应力应变滞回曲线并分析曲线特征参数。

[算例代码]

[代码段 1]

```
#1 设置环境
#coding:UTF-8
#2 导入依赖库
import pandas as pd
import matplotlib. pyplot as plt
import numpy as np
from scipy import integrate
```

本段代码用于环境设置并导入后续计算的依赖库。

[代码段 2]

```
#3 导入数据
#3.1 读取 Excel 文件
df = pd. read_excel('E:/TumuPy/C06_01. xls', engine ='xlrd')
#3.2 提取需要的数据列
x_data = df['剪切位移']. values
y_data = df['剪切应力']. values
font_name = 'SimSun'#设置中文字体
#4 绘制滞回曲线
#4.1 画图
plt. plot(x_data, y_data, linewidth = 0.5)
#4.2 设置标题和标签, 指定字体大小
```

```
plt. xlabel('剪切位移', fontsize=8, fontname=font_name)
plt. ylabel('剪切应力', fontsize=8, fontname=font_name)
plt. show()
```

本段代码用于获得循环直剪试验数据，并进行可视化显示。

[代码段3]

```
#5 绘制骨架曲线
#5.1 将数据点分成每100个一组
x_loops = np. split(x_data, len(x_data) / 100)
y_loops = np. split(y_data, len(y_data) / 100)
#5.2 骨架曲线提取过程
class Circle：
    def __init__(self, x, y):
        self. x = x
        self. y = y
        self. indexMax = np. argmax(y)
        self. indexMin = np. argmin(y)
        self. coordMax = (x[self. indexMax], y[self. indexMax])
        self. coordMin = (x[self. indexMin], y[self. indexMin])
step = 100
n = len(x_data)
#找到每一个滞回圈的最大值和最小值点
coord_list = []
for i in range(1, n, step):
    x = x_data[i: i+step]
    y = y_data[i: i+step]
    circle = Circle(x, y)
    coord_list. append(circle. coordMax)
    coord_list. append(circle. coordMin)
#将所得的数据点按照 x 的坐标排序
coord_list = sorted(coord_list, key=lambda x: x[0])
x = [x[0] for x in coord_list]
y = [y[1] for y in coord_list]
#5.3 绘制骨架曲线
plt. plot(x, y, marker='o', linestyle='-', markerfacecolor='white')
#设置坐标轴刻度和范围
plt. xticks(range(-3, 4, 1))
plt. yticks(range(-100, 101, 20))
plt. xlim(-3, 3)
plt. ylim(-100, 100)
#设置坐标轴标签和标题
```

```python
plt.xlabel('剪切位移', fontsize=8, fontname=font_name)
plt.ylabel('剪切应力', fontsize=8, fontname=font_name)
#显示图形
plt.show()
areas = []
```

本段代码用于绘制骨架曲线。

[代码段 4]

```python
#6 计算每一周期损耗的能量
#6.1 对每一组数据计算滞回圈的面积
for x, y in zip(x_loops, y_loops):
    area = integrate.trapz(y, x)
    areas.append(area)
#6.2 显示每个滞回圈的面积
for i, area in enumerate(areas):
    print(f'Loop {i + 1}: {area}')
slopes = []
#6.3 计算滞回圈个数
num_loops = np.arange(1, len(areas) + 1)
#6.4 创建一个新的图形并设置大小
fig, ax = plt.subplots(figsize=(8, 6))
#6.5 绘制滞回圈面积随滞回圈个数的变化曲线
ax.plot(num_loops, areas, marker='o', linestyle='-', color='blue')
#6.6 设置标题和标签, 指定字体大小
ax.set_xlabel('循环次数', fontsize=10, fontname=font_name)
ax.set_ylabel('滞回圈面积', fontsize=10, fontname=font_name)
#6.7 增加坐标轴标签的间距
ax.tick_params(axis='x', labelsize=6, pad=5)
ax.tick_params(axis='y', labelsize=6, pad=5)
plt.show()
#7 计算每一循环的等效剪切模量
#7.1 对每一组数据找出最高点, 计算与原点连线的斜率
for x, y in zip(x_loops, y_loops):
    #最高点的索引
    highest_point_index = np.argmax(y)
    #最高点的坐标
    highest_point = (x[highest_point_index], y[highest_point_index])
    #计算斜率
    if highest_point[0] != 0:
        slope = highest_point[1] / highest_point[0]
    else:
```

```
        slope = float('inf') if highest_point[1] > 0 else float('-inf')    #如果 x 坐标为 0，y 坐标大
于 0，则斜率为正无穷；y 坐标小于 0，则斜率为负无穷
        slopes. append(slope)
#7.2 显示每个滞回圈与原点连线的斜率
for i, slope in enumerate(slopes):
        print(f'等效剪切模量 {i + 1}: {slope}')
#7.3 计算滞回圈个数
num_loops = np. arange(1, len(slopes) + 1)
#7.4 创建图形并设置大小
plt. figure(figsize=(8, 6))
#7.5 绘制斜率与滞回圈个数的关系图
plt. plot(num_loops, slopes, marker='o', linestyle='-', color='blue')
#7.6 设置标题和标签，指定字体大小
plt. xlabel('剪刀位移', fontsize=8, fontname=font_name)
plt. ylabel('剪切应力', fontsize=8, fontname=font_name)
#7.7 增加坐标轴标签的间距
plt. tick_params(axis='x', labelsize=6, pad=5)
plt. tick_params(axis='y', labelsize=6, pad=5)
plt. show()
#8 计算每一循环阻尼比
triangle_areas = []
#8.1 对每一组数据找出最高点，计算三角形面积
for x, y in zip(x_loops, y_loops):
        #最高点的索引
        highest_point_index = np. argmax(y)
        #最高点的坐标
        highest_point = (x[highest_point_index], y[highest_point_index])
        #计算三角形面积
        area = 0.5 * highest_point[0] * highest_point[1]
        triangle_areas. append(area)
#8.2 显示每个三角形的面积
for i, area in enumerate(triangle_areas):
        print(f'Triangle {i + 1}: {area}')
ratios = []
#8.3 计算阻尼比
for loop_area, triangle_area in zip(areas, triangle_areas):
        ratio = loop_area / (triangle_area * 4 * np. pi)
        ratios. append(ratio)
#8.4 显示阻尼比
for i, ratio in enumerate(ratios):
        print(f'阻尼比 {i + 1}: {ratio}')
#8.5 计算滞回圈个数
```

```
num_loops = np.arange(1, len(ratios) + 1)
#8.6 创建图形并设置大小
plt.figure(figsize=(8, 6))
#8.7 绘制阻尼比与滞回圈个数的关系图
plt.plot(num_loops, ratios, marker='o', linestyle='-', color='blue')
#8.8 设置标题和标签,指定字体大小
plt.xlabel('循环次数', fontsize=10, fontname=font_name)
plt.ylabel('阻尼比', fontsize=10, fontname=font_name)
#8.9 增加坐标轴标签的间距
plt.tick_params(axis='x', labelsize=6, pad=5)
plt.tick_params(axis='y', labelsize=6, pad=5)
plt.show()
```

本段代码根据循环直剪试验数据与骨架曲线特征，分析岩土体的动力响应特征（主要包括能量变化、等效剪切模量、阻尼比）。

[**运行结果**]　见图 6-2。

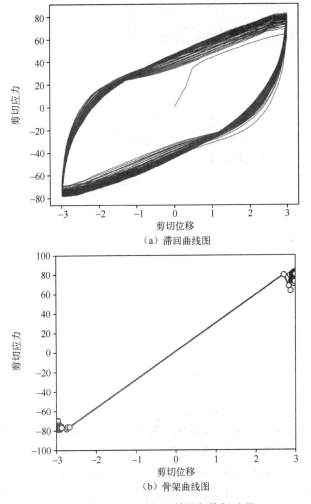

（a）滞回曲线图

（b）骨架曲线图

图 6-2　例 6-1 的运行结果与执行过程

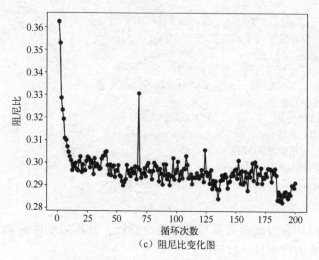

（c）阻尼比变化图

图 6-2   例 6-1 的运行结果与执行过程（续）

6.2   使用 Python 编制浅基础沉降计算的可视化应用程序

6.2.1   理论基础

如图 6-3，设基础底面以下土层共有 m 层，第 $j(j=1,\cdots,m)$ 层分为 n 层，第 i 细层（$i=1,\cdots,n$）厚度 $h_{(j,i)}$，该细层在自重应力 $p_{1(j,i)}$ 与附加应力 $p_{2(j,i)}$ 作用下，对应的孔隙比由 $e_{1(j,i)}$ 变为 $e_{2(j,i)}$，基础底面的最终沉降量为

$$S = \sum_{j=1}^{m} \sum_{i=1}^{n} \frac{e_{1(j,i)} - e_{2(j,i)}}{1 + e_{1(j,i)}} h_{(j,i)}$$

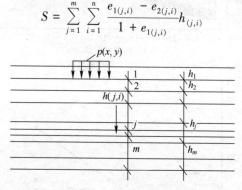

图 6-3   沉降计算剖面

计算浅基础沉降，必须计算各细层的自重应力与附加应力，还要确定自重应力与总应力（自重应力与附加应力之和）对应的孔隙比。自重应力 $p_{(j,i)}$ 可以根据土层埋深（或厚度）以及土的基本物理力学性质指标确定，附加应力由 Boussinesq 解或 Mindlin 解积分获得。各向同性半无限空间均质弹性体在表面一点［坐标为 $(0,0,0)$ 与地面以下一点（坐标 $(0,0,c)$］垂直集中力 Q 作用下，表面以下任意点（设其坐标为 (x,y,z)］的竖向附加应力为（分别是 Boussinesq 解与 Mindlin 解）：

$$\sigma_z = \frac{3Qz^3}{2\pi\left[x^2+y^2+z^2\right]^{5/2}}$$

$$\sigma_z = \frac{Q}{8\pi(1-\mu)}\left\{\frac{(1-2\mu)(z-c)}{R_1^3} - \frac{(1-2\mu)(z-c)}{R_2^3} + \frac{3(3-4\mu)z(z+c)^2-3c(z+c)(5z-c)}{R_2^5} + \right.$$

$$\left.\frac{3(z-c)^3}{R_1^5} + \frac{30cz(z+c)^3}{R_2^7}\right\}$$

式中，μ 为土的泊松比，$R_1 = \sqrt{x^2+y^2+(z-c)^2}$，$R_2 = \sqrt{x^2+y^2+(z+c)^2}$。基础底面 F 范围内作用分布荷载 $p(x,y)$ 时，土中某点 $M(x,y,z)$ 的竖向附加应力为

$$\sigma_z = \iint_F d\sigma_z = \iint_F \sigma(x,y,z,\mu,c,\xi,\eta)p(x,y)\,d\xi\,d\eta$$

自重应力与总应力对应的孔隙比，可通过压缩试验成果确定。根据室内土工压缩试验，可得应力 $\{p_{(j,k)}\}$ 与对应孔隙比 $\{e_{(j,k)}\}$（$k=1,\cdots,l$，l 为加荷级数）及相应的压缩曲线（e-p 曲线），压缩曲线可假定为双曲线形式 $e=e_0+p/(a+bp)$，拟合系数 a，b 可用非线性最小二乘法确定。

进行图形用户界面设计时，可将压缩层计算深度、土层分层数直接在界面上输入，通过不同控件的回调函数计算不同深度的附加应力与基础底面的沉降。

6.2.2　程序实现

程序实现时，主要涉及指定函数拟合、二重积分计算、界面设置。下面将在说明指定函数拟合（例6-2）、二重积分计算（例6-3）、界面设置（例6-4）基础上，实现浅基础沉降的计算（例6-5）。

[例 6-2] 已知数据为不同压力 [100,200,300,400] 下土的孔隙比是 [0.771,0.728, 0.710,0.705]，土的重度为 20.1 kN/m³、含水率为 35.2%，土粒比重为 2.77，试用双曲线方程 $x=e_0-1/(A+By)$（e_0 为初始孔隙比，a 和 b 为拟合系数，x 是孔隙比，y 是压力）拟合 x-y 关系。

[算例代码]

```
#coding:UTF-8
#问题描述:已知 x 和 y，使用指定函数进行最小二乘法进行拟合。
#1 设置环境（导入相关库）
import matplotlib. pyplot as plt
from scipy. optimize import curve_fit
import numpy as np
from scipy. optimize import leastsq
from pylab import *
#2 输入已知数据（x,y）
#计算孔隙比 e0: e0 = (1+w) * G * Rw/R0-1
R0 = 20.1/10.0; w = 35.2 * 0.01,1; G = 2.77
e0 = (1+w) * G * 1.0/R0-1
print(e0)#计算结果为 0.863
y = np. array([0.771,0.728,0.710,0.705])
```

```
x = np. array([100, 200, 300, 400])
x = x/100. 0
#3 定义拟合函数和误差函数
fitfunc = lambda p, x: 0. 863-1. 0/(p[0]+p[1]/x) #0. 863 为孔隙比 e0,由前一窗口数据算出
errfunc = lambda p, x, y: (y - fitfunc(p, x))
#4 定义初始值
pinit = [4. 734, 0. 575]
out, cov, infodict, mesg, ier = leastsq(errfunc, pinit,
                            args = (x, y), full_output = 1)
#5 输出拟合结果
p0 = out[0]
p1 = out[1]
ss_err = (infodict['fvec'] * * 2). sum()
ss_tot = ((y - y. mean()) * * 2). sum()
r2 = 1 - (ss_err / ss_tot)
print('p0: %f, p1: %f' % (p0, p1))
print ('R2: %f' % r2)
#6 显示拟合图形
yvals = fitfunc([p0,p1],x)
print(x)
print(y)
plot1 = plt. plot(x, y, ' * ',label = 'actual')
plot2 = plt. plot(x, yvals, 'r',label = 'fitted')
plt. xlabel('x')
plt. ylabel('y')
plt. legend(loc = 4)      #指定图例位置
plt. title('curve fitting')
plt. show()
```

[运行结果] 见图 6-4。

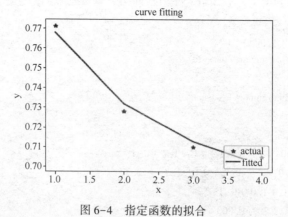

图 6-4   指定函数的拟合

[例 6-3] 计算二重积分（积分限是 $y = 1 \sim x$、$x = 1, 2$，被积函数是 $x * y$）。

[算例代码]

```
#coding:UTF-8
from scipy import integrate
import numpy as np
def W(x,y):
    return x * y
def h(x):
    return x
v,err1 = integrate. dblquad(W,1,2,1,h) #外层积分1到2 内层积分1到x
print("函数 W(x,y) = x * y 的二重积分为 {:0.4}". format(v))
```

[例 6-4] 计算浅基础沉降的界面设置。

[算例代码]

```
#coding:UTF-8
#1 设置环境（导入 Tkinter 库、sys 库、相关库）
from tkinter import *
from tkinter import ttk
import tkinter
from tkinter import font
from tkinter import filedialog
from tkinter. filedialog import asksaveasfile
import numpy as np
global x
#2 定义主窗口类与相关函数
class mainWindow(object):                                      #设置主窗口
    def __init__(self,master):
        self. master = master
        menuroot = Menu(root)
        #2.1 创建菜单容器
        menubar = Menu(root)
        #A 创建第1列菜单
        fmenu1 = Menu(root, tearoff = True)
        fmenu1. add_separator()                               #增加分割线
        fmenu1. add_command(label = '输入基本数据', command = self. popup) #设置处理函数
        fmenu1. add_separator()                               #增加分割线
        fmenu1. add_command(label = '输入地下水数据')
        fmenu1. add_separator()                               #增加分割线
        fmenu1. add_command(label = '输入地基数据')
        fmenu1. add_separator()                               #增加分割线
        menubar. add_cascade(label = '输入已知计算数据', menu = fmenu1)
```

```python
        #B 创建第 2 列菜单
        fmenu2 = Menu(root，tearoff = True)#tearoff = True 表示这个菜单可以被拖拽出来
        fmenu2. add_separator()                                        #分割线
        fmenu2. add_command(label='形成结果文本',command=lambda：save()) #设置处理函数
        fmenu2. add_separator()                                        #分割线
        menubar. add_cascade(label='输出计算结果',menu=fmenu2)
        root['menu'] = menubar
    def popup(self):
        self. wind1 = popupWindow1(self. master)
        self. master. wait_window(self. wind1. top)
    def entryValue(self):
        return self. wind1. value4
#3 定义弹出窗口类与相关函数
class popupWindow1(object):        #设置输入数据窗口（弹出界面）
    def __init__(self,master):
        top = self. top = Toplevel(master)
        #A 设置弹出窗口界面
        top. geometry('400x180')                              #设置界面大小
        top. title("输入已知数据")                             #设置界面标题
        #B 设置不同输入数据对应标签的标题、符号、位置
        #B1 第 1 个数-基础长度
        self. label1 = Label(top,text="基础长度:m")
        self. label1. place(x=20，y=20)
        self. entry1 = Entry(top)
        self. entry1. place(x=170，y=28)
        #B2 第 2 个数-基础长度 a
        self. label2 = Label(top,text="基础宽度:m")
        self. label2. place(x=20，y=50)
        self. entry2 = Entry(top)
        self. entry2. place(x=170，y=58)
        #B3 第 2 个数-顶层参数 b
        self. label3 = Label(top,text="基础埋深:m")
        self. label3. place(x=20，y=80)
        self. entry3 = Entry(top)
        self. entry3. place(x=170，y=88)
        #C 设置按钮（确认输出数据）的标题及其位置
        self. button1 = Button(top,text='确认输入数据',command=self. cleanup)
        self. button1. place(x=100，y=118)
    def cleanup(self):#获得已知数据、计算、关闭窗口界面
        #A 获得数据（字符串）
        self. value1 = self. entry1. get()
        self. value2 = self. entry2. get()
```

```
            self. value3 = self. entry3. get( )
            #B 调用函数进行数学计算
            #B1 将所获字符串转换为数值
            Double1 = float( self. value1)
            #B2 调用函数进行计算得到数值
            #P1,S1 = TotalPL( Double1, . . . )#
            #C 将计算结果转换为字符串变量
            self. value4 = 'good'
            #self. value4 = str( P1)
            x11 = "基础埋深:"
            x12 = "      "+self. value1+" m"
            global x
            x = x11+" \n" +x12
            #print( x = x+" \n" +"        %. 2f" %P1[ k] )
            #D 关闭窗口界面
            self. top. destroy( )
    def save( ) :
        Name = filedialog. asksaveasfilename( filetypes = [ ( " Text file", ". txt") , ( " Python file",
". py") , ( "All Types", ". * ") ] )
        file = open( Name, "w")
        file. write( x)
        file. close( )
#3 运行主窗口
#3. 1 设置主窗口界面
root = Tk( )
root. geometry( "500x400+100+100")
root. title( "浅基础沉降计算")    #设置界面标题
#3. 2 加载并执行主窗口界面
m = mainWindow( root)
#4 关闭主窗口
root. mainloop( )
```

[**运行结果**] 见图 6-5。

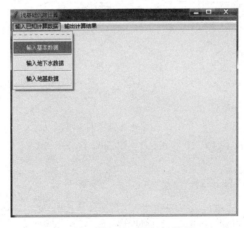

图 6-5　例 6-4 的运行结果

[**例 6-5**] 使用 Python 编制浅基础沉降计算的应用程序。

[**算例代码**]

[**代码段 1**]

```
#1 设置环境
#coding:UTF-8
#2 导入相关库(Tkinter、sys 等)
from tkinter import *
from tkinter import ttk
import tkinter
from tkinter import font
from tkinter import filedialog
from tkinter. filedialog import asksaveasfile
import numpy as np
import math
from scipy. optimize import curve_fit
from scipy. optimize import leastsq
import matplotlib. pyplot as plt
import matplotlib as mpl
```

本段代码设置编程环境，导入后续计算分析用到的相关库。

[**代码段 2**]

```
#2 定义全局变量和输入函数
#为了逻辑清晰，将输入变量(字符串或数值)、计算常数、输出变量(字符或数值)定义为全局
变量并赋予初始值或已知值
pi = 3. 1415926;                              #计算常数
#2. 1 一般条件(OnShuru1)
global Generals
Generals = np. zeros([10], dtype = 'float64')
global TotLoad, TotLayer, water
global PointX0, PointY0
global x,soils
#print(TotLayer)
#2. 2 基础条件(OnShuru2)
global Foundations                           #基础条件参数
Foundations = np. zeros([10, 10], dtype = 'float64')
#2. 3 土层条件
#各土层一般资料(OnShuru3)
global Soils0
Soils0 = np. zeros([10,20], dtype = 'float64')
#各土层压缩试验成果(OnShuru3)
global Soils
```

```
Soils = np. zeros([10,5,5], dtype = 'float64')
#各细层参数(OnJisuan1)
global DH, HI, GA, WW, DS, EO, G1, ZI, PS          #细层参数
DH = np. zeros([50], dtype = 'float64')
HI = np. zeros([50], dtype = 'float64')
GA = np. zeros([50], dtype = 'float64')
WW = np. zeros([50], dtype = 'float64')
DS = np. zeros([50], dtype = 'float64')
EO = np. zeros([50], dtype = 'float64')            #细层初始孔隙比
G1 = np. zeros([50], dtype = 'float64')
ZI = np. zeros([50], dtype = 'float64')
PS = np. zeros([50], dtype = 'float64')
#各细层 ep 曲线已知值与拟合结果参数(OnJisuan1)
global PP1, PP2, pinit                             #细层压缩性拟合系数
PP1 = np. zeros([50], dtype = 'float64')           #细层压缩性拟合系数 a
PP2 = np. zeros([50], dtype = 'float64')           #细层压缩性拟合系数 b
global e0, x, y                                    #细层压缩性拟合时的已知数据
#2.4 各细层应力计算结果(OnJisuan1)
global SIG1                                        #细层自重应力
SIG1 = np. zeros([50], dtype = 'float64')
global SIG2                                        #细层附加应力-布氏解
SIG2 = np. zeros([50], dtype = 'float64')
global SIG3                                        #细层附加应力-明氏解
SIG3 = np. zeros([50], dtype = 'float64')
#各细层 ep 曲线已知值与拟合结果参数(OnJisuan1)
#global OutList                                    #文件输出
global SM                                          #沉降计算结果
SM = np. zeros([2], dtype = 'float64')             #分别为布氏解和明氏解沉降计算结果
```

本段代码将计算常数、输入变量、主要过程变量、输出变量定义为全局变量并赋予初始值或已知值。

[代码段 3]

```
#2.5 定义输入函数
def OnShuru():
    global TotLoad, TotLayer, water
    #(1)一般条件(OnShuru1)
    Generals[0] = 1          #总的荷载类型数
    Generals[1] = 2          #总的土层数
    Generals[2] = 3.5        #地下水位埋深
    Generals[3] = 2.0        #计算点坐标 X
    Generals[4] = 2.5        #计算点坐标 Y
```

```
#（2）基础条件（OnShuru2）
Foundations[0][0] = 1            #基础 1 编号
Foundations[0][1] = 0.0          #基础 1 角点 1 坐标 X1
Foundations[0][2] = 0.0          #基础 1 角点 1 坐标 Y1
Foundations[0][3] = 4.0          #基础 1 角点 1 坐标 X2
Foundations[0][4] = 5.0          #基础 1 角点 1 坐标 Y2
Foundations[0][5] = 1.5          #基础 1 埋深
Foundations[0][6] = 100          #基础 1 地面荷载
Foundations[1][0] = 2            #基础 2 编号
Foundations[1][1] = 0.0          #基础 2 角点 1 坐标 X1
Foundations[1][2] = 0.0          #基础 2 角点 1 坐标 Y1
Foundations[1][3] = 20.0         #基础 2 角点 1 坐标 X2
Foundations[1][4] = 10.0         #基础 2 角点 1 坐标 Y2
Foundations[1][5] = 1.5          #基础 2 埋深
Foundations[1][6] = 100          #基础 2 地面荷载
Foundations[2][0] = 3            #基础 3 编号
Foundations[2][1] = 0.0          #基础 3 角点 1 坐标 X1
Foundations[2][2] = 0.0          #基础 3 角点 1 坐标 Y1
Foundations[2][3] = 20.0         #基础 3 角点 1 坐标 X2
Foundations[2][4] = 10.0         #基础 3 角点 1 坐标 Y2
Foundations[2][5] = 1.5          #基础 3 埋深
Foundations[2][6] = 100          #基础 3 地面荷载
#（3）土层条件（OnShuru3）
#各土层一般资料
Soils0[0][0] = "10.01"#基础底面以下第 1 层底面埋深（去除基础底面埋深后的数值）
（10.0 时明氏解出现被除数为 0 的情况）
Soils0[0][1] = "20.1"            #基础底面以下第 1 层重度
Soils0[0][2] = "35.2"            #基础底面以下第 1 层含水量
Soils0[0][3] = "2.77"            #基础底面以下第 1 层比重
Soils0[0][4] = "4"               #基础底面以下第 1 层加荷级数
Soils0[0][5] = "10"              #基础底面以下第 1 层分层数
Soils0[0][6] = "0.40"            #基础底面以下第 1 层泊松比
Soils0[0][7] = "15.0"            #基础底面以下第 1 层埋深
Soils0[1][0] = "10.00"           #基础底面以下第 2 层底面埋深（去除基础底面埋深后的数值）
Soils0[1][1] = "20.1"            #基础底面以下第 2 层重度
Soils0[1][2] = "45.2"            #基础底面以下第 2 层含水量
Soils0[1][3] = "2.77"            #基础底面以下第 2 层比重
Soils0[1][4] = "4"               #基础底面以下第 2 层加荷级数
Soils0[1][5] = "6"               #基础底面以下第 2 层分层数
Soils0[1][6] = "0.35"            #基础底面以下第 2 层泊松比
Soils0[1][7] = "25.0"            #基础底面以下第 2 层埋深
```

```
            #各土层压缩试验成果
            Soils[0][0][0] = "0.865"              #基础底面以下第 1 层天然孔隙比
            Soils[0][1][0] = "0.771"              #基础底面以下第 1 层第 1 级压力下孔隙比
            Soils[0][2][0] = "0.728"              #基础底面以下第 1 层第 2 级压力下孔隙比
            Soils[0][3][0] = "0.710"              #基础底面以下第 1 层第 3 级压力下孔隙比
            Soils[0][4][0] = "0.705"              #基础底面以下第 1 层第 4 级压力下孔隙比
            Soils[0][0][1] = "0"                  #基础底面以下第 1 层第 0 级压力
            Soils[0][1][1] = "100"                #基础底面以下第 1 层第 1 级压力
            Soils[0][2][1] = "200"                #基础底面以下第 1 层第 2 级压力
            Soils[0][3][1] = "300"                #基础底面以下第 1 层第 3 级压力
            Soils[0][4][1] = "400"                #基础底面以下第 1 层第 4 级压力
            Soils[1][0][0] = "0.965"              #基础底面以下第 2 层天然孔隙比
            Soils[1][1][0] = "0.871"              #基础底面以下第 2 层第 1 级压力下孔隙比
            Soils[1][2][0] = "0.828"              #基础底面以下第 2 层第 2 级压力下孔隙比
            Soils[1][3][0] = "0.810"              #基础底面以下第 2 层第 3 级压力下孔隙比
            Soils[1][4][0] = "0.805"              #基础底面以下第 2 层第 4 级压力下孔隙比
            Soils[1][0][1] = "0"                  #基础底面以下第 2 层第 0 级压力
            Soils[1][1][1] = "100"                #基础底面以下第 2 层第 1 级压力
            Soils[1][2][1] = "200"                #基础底面以下第 2 层第 2 级压力
            Soils[1][3][1] = "300"                #基础底面以下第 2 层第 3 级压力
            Soils[1][4][1] = "400"                #基础底面以下第 2 层第 4 级压力
            #print(K)
            return Generals, Foundations, Soils0, Soils
    Generals, Foundations, Soils0, Soils = OnShuru()
```

本段代码定义已知条件的输入函数，已知条件包括一般条件、基础条件、地基条件（各土层一般资料和压缩试验成果）。

[代码段 4]

```
        #3 定义主窗口类与相关函数
        class mainWindow(object):                                   #设置主窗口
            def __init__(self,master):
                global TotLoad, TotLayer, water
                #print(TotLayer)
                self.master=master
                menuroot = Menu(root)
                #2.1 创建菜单容器
                menubar= Menu(root)
                #A 创建第 1 列菜单
                fmenu1=Menu(root, tearoff=True)
                fmenu1.add_separator()                              #增加分割线
                fmenu1.add_command(label='输入一般资料',command=self.popup1)   #设置处理函数
```

```
        fmenu1. add_separator( )                                    #增加分割线
        fmenu1. add_command( label = '输入基础资料', command = self. popup2)
        fmenu1. add_separator( )                                    #增加分割线
        fmenu1. add_command( label = '输入地基资料', command = self. popup3)
        fmenu1. add_separator( )                                    #增加分割线
        menubar. add_cascade( label = '输入已知数据', menu = fmenu1 )
        #B 创建第 2 列菜单
        fmenu2 = Menu( root, tearoff = True )                        # tearoff = True 表示这个菜单可
以被拖拽出来
        fmenu2. add_separator( )                                     #分割线
        fmenu2. add_command( label = '显示计算结果', command = lambda：ComputeSettlement1( ) )
#设置处理函数
        fmenu2. add_command( label = '保存计算结果', command = lambda：save( ) )    #设置处理
函数
        fmenu2. add_separator( )                                     #分割线
        menubar. add_cascade( label = '输出计算结果', menu = fmenu2 )
        root[ 'menu' ] = menubar
    def popup1( self ):
        global TotLoad, TotLayer, water
        #print( TotLayer)
        self. wind1 = popupWindow1( self. master)
        self. master. wait_window( self. wind1. top)
    def popup2( self ):
        global TotLoad, TotLayer, water
        #print( TotLayer)
        self. wind1 = popupWindow2( self. master)
        self. master. wait_window( self. wind1. top)
    def popup3( self ):
        global TotLoad, TotLayer, water
        #print( TotLayer)
        self. wind1 = popupWindow3( self. master)
        self. master. wait_window( self. wind1. top)
    def entryValue( self ):
        global TotLoad, TotLayer, water
        #print( TotLayer)
        #print( TotLayer)
        #return self. TotLayer
        return self. wind1. value4
```

本段代码定义主窗口类与相关函数。

[代码段 5]

```
#4 定义弹出窗口 1 类与相关函数
class popupWindow1(object):                                #设置输入数据窗口（弹出界面）
    def __init__(self,master):
        global TotLoad,TotLayer
        #print(TotLayer)
        top = self.top = Toplevel(master)
        #A 设置弹出窗口界面
        top.geometry('400x240')                           #设置界面大小
        top.title("输入一般资料")                          #设置界面标题
        #B 设置不同输入数据对应标签的标题、符号、位置
        import tkinter as tk
        #已知条件：
        #荷载类型数 1，地下水位埋深 3.5 m，土层数 1，
        #计算点坐标 X08.0 m，计算点坐标 Y02.5 m
        #B1 第 1 个数-已知 AA[0]
        self.label1 = Label(top,text="总的荷载类型数：")
        self.label1.place(x=20,y=25)
        #self.entry1 = Entry(top,textvariable=str1)
        #self.entry1.place(x=170,y=24,width=60)
        #B2 第 2 个数-已知 AA[1]
        self.label2 = Label(top,text="总的土层数：")
        self.label2.place(x=20,y=45)
        #B3 第 3 个数-已知 AA[2]
        self.label3 = Label(top,text="地下水位埋深")
        self.label3.place(x=20,y=65)
        #B3 第 4 个数
        self.label4 = Label(top,text="计算点坐标 X")
        self.label4.place(x=20,y=85)
        #B3 第 5 个数
        self.label5 = Label(top,text="计算点坐标 Y")
        self.label5.place(x=20,y=105)
        global Generals
        self.entries = []
        for i in range(0,5):
            self.entries.append(Entry(top,text="",width=40))
            self.entries[i].place(x=170,y=30+20*i,width=40)
            self.entries[i].insert(0,Generals[i])
            Generals[i] = self.entries[i].get()
        global TotLoad,TotLayer
        TotLoad = int(Generals[0])
```

```
        TotLayer = int( Generals[ 1 ] )
        #C 设置按钮(确认输出数据)的标题及其位置
        self. button1 = Button( top, text = '确认输入数据', command = self. cleanup)
        self. button1. place( x = 120, y = 194)
    def cleanup( self) :#获得已知数据、计算、关闭窗口界面
        global TotLoad, TotLayer
        self. value4 = 'good'
        #D 关闭窗口界面
        self. top. destroy( )
```

本段代码定义弹出窗口 1 类与相关函数。

[代码段 6]

```
    #5 定义弹出窗口 2 类与相关函数
    class popupWindow2( object) :              #设置输入数据窗口（弹出界面）
        def __init__( self, master) :
            global TotLoad
            #print( TotLoad)
            global TotLayer
            global Foundations
            top = self. top = Toplevel( master)
            #A 设置弹出窗口界面
            top. geometry( '400x220')          #设置界面大小
            top. title( "输入基础资料")          #设置界面标题
            #B 设置不同输入数据对应标签的标题、符号、位置
            import tkinter as tk
            #已知基础条件:
            #基础编号, 基础埋深, 均布荷载
            #角点坐标 X1, 角点坐标 Y1, 角点坐标 X2, 角点坐标 Y2
            #B1 第 1 个数-已知 AA[ 0]
            self. label1 = Label( top, text = "基础编号:" )
            self. label1. place( x = 20, y = 30)
            self. label2 = Label( top, text = "基础角点 1 坐标 X1:" )
            self. label2. place( x = 20, y = 50)
            self. label3 = Label( top, text = "基础角点 1 坐标 Y1:" )
            self. label3. place( x = 20, y = 70)
            self. label4 = Label( top, text = "基础角点 2 坐标 X2:" )
            self. label4. place( x = 20, y = 90)
            self. label5 = Label( top, text = "基础角点 2 坐标 Y2:" )
            self. label5. place( x = 20, y = 110)
            self. label6 = Label( top, text = "基础埋深:" )
            self. label6. place( x = 20, y = 130)
```

```
        self.label7 = Label(top, text = "地面荷载:")
        self.label7.place(x = 20, y = 150)
        self.entries = []
        for i in range(0, TotLoad):
            self.entries.append([])
            for j in range(0,7):
                self.entries[i].append(Entry(top, text = " ", width = 40))
                self.entries[i][j].place(x = 170+60 * i, y = 30+20 * j, width = 40)
                if j == 0:
                    self.entries[i][j].insert(0, str(i+1))
                else:
                    self.entries[i][j].insert(0, Foundations[i][j])
                Foundations[i][j] = self.entries[i][j].get()
        #C 设置按钮（确认输出数据）的标题及其位置
        self.button1 = Button(top, text = '确认输入数据', command = self.cleanup)
        self.button1.place(x = 120, y = 180)
    def cleanup(self):#获得已知数据、计算、关闭窗口界面
        global TotLoad
        global TotLayer
        global Foundations
        #A 获得数据（字符串）
        #print(TotLoad)
        #print(Foundations)
        self.value4 = 'good'
        #D 关闭窗口界面
        self.top.destroy()
```

本段代码定义弹出窗口 2 类与相关函数。

[代码段 7]

```
#6 定义弹出窗口 3 类与相关函数
class popupWindow3(object):                #设置输入数据窗口（弹出界面）
    def __init__(self, master):
        global TotLoad, TotLayer
        global Soils0
        global Soils
        global PP1, PP2
        top = self.top = Toplevel(master)
        #A 设置弹出窗口界面
        top.geometry('490x400')            #设置界面大小
        top.title("输入地基资料")          #设置界面标题
        #B 设置不同输入数据对应标签的标题、符号、位置
```

```
import tkinter as tk
#已知条件:
self. label1 = Label(top, text = "土层编号:")
self. label1. place(x = 30, y = 50)
self. label2 = Label(top, text = "重度:")
self. label2. place(x = 30, y = 70)
self. label3 = Label(top, text = "含水量:")
self. label3. place(x = 30, y = 90)
self. label4 = Label(top, text = "比重:")
self. label4. place(x = 30, y = 110)
self. label5 = Label(top, text = "加荷级数:")
self. label5. place(x = 30, y = 130)
self. label6 = Label(top, text = "分层数:")
self. label6. place(x = 30, y = 150)
self. label7 = Label(top, text = "泊松比:")
self. label7. place(x = 30, y = 170)
self. label8 = Label(top, text = "土层底面埋深:")
self. label8. place(x = 30, y = 190)
self. label9 = Label(top, text = "第1级荷重:")
self. label9. place(x = 30, y = 210)
self. label10 = Label(top, text = "第1级孔隙比:")
self. label10. place(x = 30, y = 230)
self. label11 = Label(top, text = "第2级荷重:")
self. label11. place(x = 30, y = 250)
self. label12 = Label(top, text = "第2级孔隙比:")
self. label12. place(x = 30, y = 270)
self. label13 = Label(top, text = "第3级荷重:")
self. label13. place(x = 30, y = 290)
self. label14 = Label(top, text = "第3级孔隙比:")
self. label14. place(x = 30, y = 310)
self. label15 = Label(top, text = "第4级荷重:")
self. label15. place(x = 30, y = 330)
self. label16 = Label(top, text = "第4级孔隙比:")
self. label16. place(x = 30, y = 350)
self. entries = []
for i in range (0, TotLayer):
    self. entries. append([])
    for j in range(0, 16):
        self. entries[i]. append(Entry(top, text = "", width = 40))
        self. entries[i][j]. place(x = 170+60 * i, y = 50+20 * j, width = 40)
        if j <= 7:
            if j == 0:
```

```
                        self. entries[i][j]. insert(0, str(i+1))
                else:
                        self. entries[i][j]. insert(0, Soils0[i][j])
                        Soils0[i][j] = self. entries[i][j]. get()
            if j == 8:
                self. entries[i][j]. insert(0, Soils[i][j-7][1])
                Soils[i][j-7][1] = self. entries[i][j]. get()
            if j == 10:
                self. entries[i][j]. insert(0, Soils[i][j-8][1])
                Soils[i][j-8][1] = self. entries[i][j]. get()
            if j == 12:
                self. entries[i][j]. insert(0, Soils[i][j-9][1])
                Soils[i][j-9][1] = self. entries[i][j]. get()
            if j == 14:
                self. entries[i][j]. insert(0, Soils[i][j-10][1])
                Soils[i][j-10][1] = self. entries[i][j]. get()
            if j == 9:
                self. entries[i][j]. insert(0, Soils[i][j-8][0])
                Soils[i][j-8][0] = self. entries[i][j]. get()
            if j == 11:
                self. entries[i][j]. insert(0, Soils[i][j-9][0])
                Soils[i][j-9][0] = self. entries[i][j]. get()
            if j == 13:
                self. entries[i][j]. insert(0, Soils[i][j-10][0])
                Soils[i][j-10][0] = self. entries[i][j]. get()
            if j == 15:
                self. entries[i][j]. insert(0, Soils[i][j-11][0])
                Soils[i][j-11][0] = self. entries[i][j]. get()
    #print(Soils0)
    #print(Soils)
    #C 设置按钮(确认输出数据)的标题及其位置
    self. button1 = Button(top, text='确认输入数据', command = self. cleanup)
    self. button1. place(x = 200, y = 374)
def cleanup(self):   #获得已知数据、计算、关闭窗口界面
    global TotLoad, TotLayer, water
    #关闭窗口界面
    self. top. destroy()
```

本段代码定义弹出窗口 3 类与相关函数。
[代码段 8]

```
def save():
```

```python
global TotLoad, TotLayer, water
Name = filedialog. asksaveasfilename(filetypes = [("Text file", ". txt"), ("Python file",
". py"), ("All Types", ". *")])
file = open(Name, "w")
ShuRu1 = "\n 一般输入资料"
OutList1 =["\n 总的荷载类型:","\n   总的土层数:","\n   地下水位埋深(m):",
          "\n 计算点坐标 X(m):","\n   计算点坐标 Y(m):"]
file. write(ShuRu1)
for i in range(0, 5):
    if i==0 or i==1:
        file. write(OutList1[i]+str(int(Generals[i])))
    else:
        file. write(OutList1[i]+str(Generals[i]))
ShuRu2 = "\n\n 基础计算资料"
OutList2 = ["\n 基础编号:","\n      角点 1 坐标 X1(m):","\n        角点 1 坐标 Y1(m):",
          "\n      角点 2 坐标 X2(m):", "\n      角点 2 坐标 Y2(m):",
          "\n      基础埋深(m):", "\n      地面荷载(kPa):"]
file. write(ShuRu2)
for i in range(0, int(Generals[0])):
    for j in range(0,7):
        if i==0 and j == 0:
            file. write(OutList2[j]+str(int(Foundations[i][j])))
        else:
            file. write(OutList2[j]+str(Foundations[i][j]))
ShuRu3 = "\n\n 地基计算资料"
OutList3 = ["\n      重度(kN/m^3):","\n      含水量(%):","\n      比重:",
          "\n      加荷级数:","\n      分层数:","\n      泊松比:","\n   土层底面埋深
(m):",
          "\n      第 1 级荷重(kPa):","\n      第 1 级孔隙比:",
          "\n      第 2 级荷重(kPa):","\n      第 2 级孔隙比:",
          "\n      第 3 级荷重(kPa):","\n      第 3 级孔隙比:",
          "\n      第 4 级荷重(kPa):","\n      第 4 级孔隙比:"]
file. write(ShuRu3)
for i in range(0, int(Generals[1])):
    file. write("\n\n   土层编号:"+str(i+1))
    for j in range(0,7):
        if j==3 or j==4:
            file. write(OutList3[j]+str(int(Soils0[i][j+1])))
        else:
            file. write(OutList3[j]+str(Soils0[i][j+1]))
    file. write(OutList3[7]+str(Soils[i][1][1]))
    file. write(OutList3[8]+str(Soils[i][1][0]))
    file. write(OutList3[9]+str(Soils[i][2][1]))
```

```
            file. write( OutList3[ 10]+str( Soils[ i][ 2][ 0]))
            file. write( OutList3[ 11]+str( Soils[ i][ 3][ 1]))
            file. write( OutList3[ 12]+str( Soils[ i][ 3][ 0]))
            file. write( OutList3[ 13]+str( Soils[ i][ 4][ 1]))
            file. write( OutList3[ 14]+str( Soils[ i][ 4][ 0]))
    ShuChu = "\n\n 沉降计算结果"
    OutList4 = [ "\n  布氏解沉降计算结果:",
                "\n  明氏解沉降计算结果:"]
    SM[ 0],SM[ 1] = ComputeSettlement1( )
    file. write( ShuChu)
    file. write( OutList4[ 0]+"      %. 2f"%SM[ 0]+" mm")
    file. write( OutList4[ 1]+"      %. 2f"%SM[ 1]+" mm")
    file. close( )
```

本段代码定义保存计算过程和计算结果的函数。

[代码段 9]

```
#7 沉降计算
#7.1 附加应力计算( 布氏解)
def bneq( a, b, z, p):
    #矩形基础均布荷载角点下竖向附加应力计算
    #     见: 土力学 ( 东南大学等, 四校合编, 2016) 式 4-18
    #输入参数:
    #   b-基础宽度   a-基础长度   z-计算位置 ( 距基础底面深度)   p-基础底面荷载
    #返回参数:
    #   kc 附加应力系数
    if z == 0:
        z = 0. 01
    m=a/b;
    n=z/b;
    kc=4 * p/2/pi * ( m * n * ( m * m+2 * n * n+1)/
            ( m * m+n * n)/( 1+n * n)/math. sqrt( m * m+n * n+1)+
            math. asin( m/math. sqrt(( m * m+n * n) * ( 1+n * n))));
    return kc;
```

本段代码定义附加应力计算 （布氏解） 的函数。

[代码段 10]

```
#7.2 附加应力计算 （明氏解）
def mdlin( a, b, c, z, p, u):
    #输入参数:
    #   c-基础埋深   b-基础宽度   a-基础长度   z-计算位置( 距基础底面深度)   p-基础底
    面荷载
```

```
#返回参数:
#kc 附加应力系数
import math
if z == 0:
    z = 0.01
n = a/b;
t = c/b;
m = z/b;
S = m-t;
Y = m+t;
Q = t+(3-4*u)*m;
A = math.sqrt(1+n*n+S*S);
B = math.sqrt(1+n*n+Y*Y);
C = math.sqrt(1+S*S);
D = math.sqrt(1+Y*Y);
E = math.sqrt(n*n+S*S);
F = math.sqrt(n*n+Y*Y);
kc=4*p/4/pi/(1-u)*((1-u)*(math.atan(n/Y/B)+math.atan(n/S/A))+
                n*S*(A*A+S*S)/2/C/C/E/E/A+
                n*Q*(B*B+Y*Y)/2/D/D/F/F/B+
                n*m*t*Y/B/B/B*((2+3*F*F)/F/F/F/F+
                            (2*n*n+3*D*D)/D/D/D/D));
return kc;
```

本段代码定义附加应力计算（明氏解）的函数。
[代码段 11]

```
#7.3 计算沉降(布氏解和明氏解)
#(1) 相关函数(OnShuru2)
global Founs,FP                                #土层压缩试验参数
Founs = np.zeros([5], dtype = 'float64')
def OnShuru():
    #确定计算条件
    #一般条件(OnShuru1)
    TotLoad = int(Generals[0]);                #总的荷载类型数
    TotLayer = int(Generals[1]);               #总的土层数
    water = Generals[2];                       #地下水位埋深
    TotLoad = 1;                               #总的荷载类型数
    #(2)基础条件(OnShuru2)
    Founs[1] = Foundations[0][3] - Foundations[0][1]   #基础1的长度
    Founs[2] = Foundations[0][4] - Foundations[0][2]   #基础1的宽度
    Founs[3] = Foundations[0][5]               #基础1的埋深
```

```
            Founs[4] = Foundations[0][6]                    #基础 1 的地面荷载
            return TotLoad, TotLayer, water, Founs, Soils0, Soils
TotLoad, TotLayer, water, Founs, Soils0, Soils = OnShuru()
#土层压缩曲线双曲线拟合
def Fit01(pinit, e0, x, y):
        #使用指定函数进行最小二乘法进行拟合
        fitfunc = lambda p, x: e0-x/(p[0]+p[1]*x)            #e0 为孔隙比
        errfunc = lambda p, x, y: (y - fitfunc(p, x))
        out, cov, infodict, mesg, ier = leastsq(errfunc, pinit,
                                                 args = (x, y), full_output=1)

        p0 = out[0]
        p1 = out[1]
        return p0,p1
def ComputeSettlement1():
        #计算细层沉降(布氏解和明氏解)
        #计算点的设置
        PointX0 = Generals[3]                                #计算点坐标 X0
        PointY0 = Generals[4]                                #计算点坐标 Y0
        if PointX0 == 0.0:
            PointX0 = PointX0 +0.01
        if PointY0 == 0.0:
            PointY0 = PointX0 +0.01
        #各细层参数的确定
        K = -1                                              #总细层数循环初始值
        SH = 0.0
        for i in range (0, TotLayer):
            #对于基础底面以下第 i 大层
            ga = Soils0[i][1]                               #细层所在大层重度
            ww = Soils0[i][2]                               #细层所在大层含水量
            ds = Soils0[i][3]                               #细层所在大层比重
            ps = Soils0[i][6];                              #细层所在大层泊松比
            eo = ds * (1+ww/100.0) * 10/ga-1;               #细层所在大层初始孔隙比
            y1 = np.array([Soils[i][1][0],Soils[i][2][0],Soils[i][3][0],Soils[i][4][0]])
            x1 = np.array([Soils[i][1][1], Soils[i][2][1], Soils[i][3][1], Soils[i][4][1]])
            pinit = [450, 4.5]                              #拟合系数初始值
            pp1,pp2 = Fit01(pinit, eo, x1, y1)
            if i==0:
                SH = SH+0.0;                                #层顶埋深
            else:
                SH = SH+Soils0[i-1][7];
            #对于基础底面以下第 K 细层
            for j in range (0,int(Soils0[i][5])):
```

```
                K = K+1
                HI[K] = SH+j * Soils0[i][7]/Soils0[i][5]        #细层层顶埋深
                ZI[K] = HI[K]+0.5 * Soils0[i][7]/Soils0[i][5]   #细层中心点深度
                DH[K] = Soils0[i][7]/Soils0[i][5]               #细层厚度
                GA[K] = ga                                      #细层重度
                WW[K] = ww                                      #细层含水量
                DS[K] = ds                                      #细层比重
                PS[K] = ps;                                     #细层泊松比
                EO[K] = eo;                                     #细层初始孔隙比
                G1[K] = (ds−1)/(1+eo) * 10.0;                   #细层在地下水位以下时的有效重度
                if ZI[K]/2.0 <= water:
                    G1[K] = ga;                                 #细层在地下水位以上时的有效重度
                PP1[K],PP2[K] = pp1,pp2
    #自重应力 SIG1 计算
    Stress1 = 0.0                                               #自重应力 SIG1 初始值
    for i in range (0, K):
        #对于地处底面以下第 i 细层
        Stress1 = Stress1 + G1[i] * DH[i]
        SIG1[i] = Stress1
    #附加应力 SIG2(布氏解)和 SIG3(明氏解)计算
    #K = 0                                                      #总细层数循环初始值
    Stress2 = 0.0                                               #附加应力 SIG2 初始值
    #   荷载序号1, 基础埋深 1.5 m,
    #   角点坐标 X1=0.0, 角点坐标 Y1=0.0, 角点坐标 X2=4.0, 角点坐标 Y2=5.0,
    #   角点 1 荷载 100 kPa
    Settlement = 0.0                                            #地基沉降 Settlement 初始值
    FP = 100.0
    #FP = 100.0 − 20 * Founs[3]                                 #基础底面压力 (加权重度取 20)
    for i in range (0, K):
        #对于基础底面以下第 i 细层
        #Stress21 = bneq(Founs[1], Founs[2], ZI[i], FP)  #附加应力 (布氏解)
        #Stress22 = mdlin(Founs[1], Founs[2],Founs[3], ZI[i], FP, 0.35)  #附加应力 (明
氏解)
        #如果计算点(X0,Y0)位于基础底面范围
        #if Foundations[0][3] >= PointX0:
        #    if Foundations[0][4] >= PointY0:
        #        #附加应力(布氏解)
        #        Stress21 = bneq(PointX0, PointY0, ZI[i], FP) + \
        #            bneq(Foundations[0][3]−PointX0, PointY0, ZI[i], FP)+\
        #                bneq(PointX0, Foundations[0][4]−PointY0, ZI[i], FP)+\
        #                    bneq(Foundations[0][3]−PointX0, Foundations[0][4]−
PointY0, ZI[i], FP)
```

```
#                       #附加应力（明氏解）
#               Stress22 = mdlin(PointX0, PointY0, Founs[3], ZI[i], FP,PS[i]) + \
#                   mdlin(Foundations[0][3]-PointX0, PointY0, Founs[3], ZI[i], FP,PS[i])+\
#                       mdlin(PointX0, Foundations[0][4]-PointY0, Founs[3], ZI[i],
FP,PS[i])+\
#                           mdlin(Foundations[0][3]-PointX0, Foundations[0][4]-
PointY0, Founs[3], ZI[i], FP,PS[i])
        Stress21 = bneq(PointX0, PointY0, ZI[i], FP)
        Stress22 = mdlin(PointX0, PointY0, Founs[3], ZI[i], FP,PS[i])
        SIG2[i] = Stress21                          #附加应力（布氏解）
        SIG3[i] = Stress22                          #附加应力（明氏解）
#沉降计算
#K = 0                                              #总细层数循环初始值
Stress2 = 0.0                                       #附加应力 SIG2 初始值
#   荷载序号 1，基础埋深 1.5 m，
#   角点坐标 X1=0.0，角点坐标 Y1=0.0，角点坐标 X2=4.0，角点坐标 Y2=5.0，
#   角点 1 荷载 100kPa
Settlement1 = 0.0                                   #地基沉降 Settlement1（布氏解）初始值
Settlement2 = 0.0                                   #地基沉降 Settlement2（明氏解）初始值
for i in range (0, K):
        #对于地处底面以下第 i 细层
        #   荷载序号 1，基础埋深 1.5 m，
        E1 = SIG1[i]                                #自重应力
        E21 = SIG2[i]                               #附加应力（布氏解）
        E22 = SIG3[i]                               #附加应力（明氏解）
        ET1 = E1+E21                                #总应力（布氏解）
        ET2 = E1+E22                                #总应力（明氏解）
        EE1 = EO[i]-1.0/(PP1[i]+PP2[i]*ET1)  #总应力（自重应力+附加应力）下的孔
隙比（布氏解）
        EE2 = EO[i]-1.0/(PP1[i]+PP2[i]*ET2)  #总应力（自重应力+附加应力）下的孔
隙比（明氏解）
        DSS1 = (EO[i]-EE1)/(1+EO[i])*DH[i]  #细层沉降（布氏解）
        DSS2 = (EO[i]-EE2)/(1+EO[i])*DH[i]  #细层沉降（明氏解）
        #print(DSS,DSS1)
        #print(DSS)
        Settlement1 = Settlement1 + DSS1            #总沉降（布氏解）/m
        Settlement2 = Settlement2 + DSS2            #总沉降（明氏解）/m
Settlement1 = Settlement1 * 1000
Settlement2 = Settlement2 * 1000
#绘制自重应力与附加应力（布氏解和明氏解）分布曲线
#输入作图数据
KK = K;
```

```
QW1 = np. zeros([KK], dtype = 'float32')
QW2 = np. zeros([KK], dtype = 'float32')
QW3 = np. zeros([KK], dtype = 'float32')
QE = np. zeros([KK], dtype = 'float32')
for k in range (0,KK):
    QW1[k] = SIG1[k];                      #提取自重应力
    QW2[k] = SIG2[k];                      #提取附加应力(布氏解)
    QW3[k] = SIG3[k];                      #提取附加应力(明氏解)
    QE[k] = HI[k];                         #提取深度
#创建作图窗口(点数为 8 x 6,分辨率为 80 像素/英寸)
plt. figure(figsize=(8, 6), dpi=80)
#设置作图格式
#设置曲线型式(蓝色/紫色、宽度 1/2 像素、连续/不连续)
plt. plot(QW1,QE, color = "blue", linewidth = 3. 0, linestyle = "--", label = "Settlements with
Depths")
plt. plot(QW2,QE, color = "red", linewidth = 4. 0, linestyle = "-")
#设置横轴/纵轴的上下限(纵坐标轴倒转)
plt. xlim(0, 410)
plt. ylim(42, 0)
#设置横轴/纵轴的标签
plt. xlabel(" Gravity Stresses /Pa")
plt. ylabel(" Depth /m")
#设置图例
#plt. legend(loc = "upper left")
#设置坐标轴位置
ax = plt. gca()
ax. xaxis. set_ticks_position('top')
#显示图形
plt. show()
return Settlement1 ,Settlement2
```

本段代码是计算沉降的核心代码,在计算过程中还同时绘制自重应力和附加应力分布的图形。

[代码段 12]

```
#8 主窗口设置、运行、关闭
#8.1 设置主窗口界面
root = Tk()
root. geometry("500x400+100+100")
root. title("浅基础沉降计算")      #设置界面标题
#8.2 加载并执行主窗口界面
m = mainWindow(root)
#8 关闭主窗口
root. mainloop()
```

本段代码用于主窗口的控制，包括大小定义、显示和关闭。

[**运行结果**] 见图 6-6。

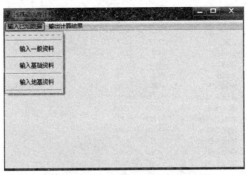

（a）输入已知数据（主菜单与级联菜单）

（b）输出计算结果（主菜单与级联菜单）

（c）选择"输入已知数据"→"输入一般资料"后的界面

（d）选择"输入已知数据"→"输入基础资料"后的界面

图 6-6　例 6-5 的运行结果—浅基础沉降计算过程

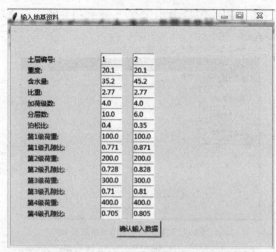

（e）"输入已知数据→输入地基资料"单击后的界面

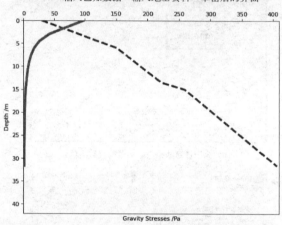

（f）"输出计算结果→显示计算结果"单击后的界面

（g）"输出计算结果→保存计算结果"单击后的结果

图 6-6　例 6-5 的运行结果—浅基础沉降计算过程（续）

6.3　使用 Python 实现单桩荷载位移关系的模拟

6.3.1　理论基础

在桩顶荷载 P_0 作用下，桩-土体系模型如图 6-7 所示。

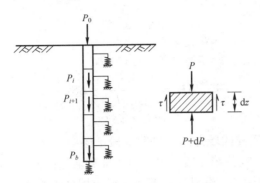

图 6-7　桩-土体系模型

在桩身任取一微段，桩的周长为 u_p，根据静力平衡条件，有

$$\frac{\mathrm{d}P}{\mathrm{d}z} = -u_p \tau(z) \tag{6-1}$$

微元体产生的弹性压缩量为

$$\mathrm{d}S = -\frac{P}{EA}\mathrm{d}z$$

式中，E 为桩身混凝土的弹性模量，A 为桩身截面积。

$$\frac{\mathrm{d}P}{\mathrm{d}S} = \frac{\mathrm{d}P}{\mathrm{d}z}\frac{\mathrm{d}z}{\mathrm{d}S} = \frac{u_p EA}{P}\tau$$

假设

$$\mathrm{d}P = \frac{u_p EAS}{P(a_s + b_s S)}\mathrm{d}S$$

式中，τ 为 z 处的桩侧摩阻力，S 为 z 处的桩身沉降，a_s 和 b_s 为桩侧土的荷载传递参数。

该式写成增量形式并令 $\alpha = u_p EA$，有

$$\Delta P = \frac{u_p EAS}{P(a_s + b_s S)}\Delta S = \frac{\alpha S}{P(a_s + b_s S)}\Delta S$$

编程实现时，可采用下面的步骤。

① 将桩身分成若干小段，各个分段长度根据土层厚度和计算精度确定，但每一个分段必须在同一土层中。

② 假定桩端沉降量为 S_{b1}，根据式（6-2）~式（6-10）计算第 n 段土层的 P_n 和 S_n。

$$R_n = \frac{AS_{n-1}}{a_b + b_b S_{n-1}} \tag{6-2}$$

$$\tau_n = \frac{S_{n-1}}{a_n + b_n S_{n-1}} \qquad\qquad (6\text{-}3)$$

$$\Delta P_n = \mu_p \Delta l_n \tau_n \qquad\qquad (6\text{-}4)$$

$$P_n = R_n + \Delta P_n \qquad\qquad (6\text{-}5)$$

$$\overline{P}_n = R_n + \frac{\Delta P_n}{2} \qquad\qquad (6\text{-}6)$$

$$\Delta S_n = \frac{\overline{P}_n}{EA} \Delta l_n \qquad\qquad (6\text{-}7)$$

$$S_n = S_{n-1} + \Delta S_n \qquad\qquad (6\text{-}8)$$

$$\Delta P'_n = \frac{\alpha S_n}{P_n(a_n + b_n S_n)} \Delta S_n \qquad\qquad (6\text{-}9)$$

$$P'_n = R_n + \Delta P'_n \qquad\qquad (6\text{-}10)$$

式中，R_n 是第 n 段土层底部的反力；τ_n 是第 n 段土层中的桩侧摩阻力；ΔP_n 是第 n 段土层顶面的桩身轴力的增量；P_n 是第 n 段土层顶面的桩身轴力；$\overline{P}_n$ 是第 n 段土层中的平均桩身轴力；ΔS_n 是第 n 段土层中的压缩量；S_n 是第 n 段土层顶面的沉降量；$1/a$，$1/b$ 是桩侧土的荷载传递参数；Δl_n 是分段土层厚度。

③ 将 P_n 和 S_n 作为第 n+1 段土层底面的阻力和位移，继续进行下一段土层的计算，直到将全部的土层段计算完成，所得最上面那段土层的 P_n、S_n 可以认为是桩顶（承台底面）的荷载和位移（P 和 S）。

④ 假定桩端的沉降量为 S_{b2}，重复上述步骤计算，直到得出假定桩端的沉降量为 S_{bk}(k = 1，2，3，…) 时桩顶的荷载和位移。

⑤ 将所得到足够多的 S 和 P 在 P–S 坐标轴上点出即为荷载–位移曲线。

上述算法中，土层计算顺序从下往上，在计算第一段土层时，S_{n-1} 即是假设的桩端位移 S_b，在计算第 n 段土层时，R_n 是上一段土层的 P_n，即 $R_n = P_{n-1}$，在计算第一段土层时，R_n 是桩端反力 R_b。

6.3.2 使用 Python 实现单桩荷载–位移关系的模拟

[例 6-6] 将桩身分成若干小段、每一分段位于同一土层中，假设桩径 d 为 1.2 m，桩长为 18.5 m，桩入土深度为 11 m，嵌岩深度为 7.5 m，桩的弹性模量 E 为 31 500 MPa，土的计算参数为 $1/a$ = 25 MN/m³ 和 $1/b$ = 0.08 MPa，岩层的计算参数为 $1/a$ = 100 MN/m³ 和 $1/b$ = 0.14 MPa，桩端的计算参数为 $1/a$ = 220 MN/m³ 和 $1/b$ = 5.3 MPa，试编制 Python 可视化代码模拟不同桩径、不同桩端模型参数（a 和 b）下桩顶的荷载–位移关系。

[算例代码]

[代码段 1]

```
#0 设置计算环境
#coding:UTF-8
#1 导入相关库（Tkinter、sys 等）
from tkinter import *
```

```python
from tkinter import ttk
from tkinter import font
from tkinter import filedialog
from tkinter. filedialog import asksaveasfile
import numpy as np
#2 定义全局常数和数组
#2.1 定义全局常数
pi = 3.1415926;

Nyer = 2;                           #输入土层数
E = 31500.0;                        #输入桩的弹性模量，MN/m^2
Ntotal = 20;                        #输入细层总数
#2.2 定义全局数组并赋予初始值或已知值
Nlayer = np. zeros([50], dtype = 'int64')
h = np. zeros([50], dtype = 'float32')
l = np. zeros([50], dtype = 'float32')
Ner = np. zeros([50], dtype = 'int64')
as1 = np. zeros([50], dtype = 'float32')
AS = np. zeros([50], dtype = 'float32')
bs1 = np. zeros([50], dtype = 'float32')
bs = np. zeros([50], dtype = 'float32')
PS = np. zeros([100], dtype = 'float32')
DS = np. zeros([100], dtype = 'float32')
a = np. zeros([100], dtype = 'float32')
PSQ = np. zeros([100], dtype = 'float32')
PSA = np. zeros([100], dtype = 'float32')
p1 = np. zeros([50], dtype = 'float32')
dp = np. zeros([100], dtype = 'float32')
dt = np. zeros([100], dtype = 'float32')
PSR = np. zeros([100], dtype = 'float32')
PSB = np. zeros([100], dtype = 'float32')
ppp = np. zeros([50], dtype = 'float32')
sss = np. zeros([50], dtype = 'float32')
Nlayer[0] = 10;                     #输入下部土细层数
Nlayer[1] = 10;                     #输入下部第 2 层土细层数
h[0] = 7.5;                         #输入最下层土的厚度
h[1] = 11.0;                        #输入下数第 2 层土的厚度
Ner[0] = 10;                        #输入最下层土面以上细层总数
Ner[1] = 0;                         #输入最下第二层土面以上细层总数
as1[0] = 1/100.0;                   #输入最下层土模型的系数 1
as1[1] = 1/25.0;                    #输入下数第 2 层土模型的系数 1
bs1[0] = 1/0.14;                    #输入最下层土模型的系数 2
bs1[1] = 1/0.08;                    #输入下数第 2 层土模型的系数 2
```

本段代码为设置计算环境与计算参数。

[代码段 2]

```
#3. 定义相关类与函数
#3.1 定义窗口类与相关函数
#(1)定义主窗口类与相关函数
class mainWindow(object):                          #设置主窗口
    def __init__(self,master):
        self. master=master
        #设置输入数据菜单和计算结果菜单
        menuroot = Menu(root)
        menusp = Menu(menuroot)
        menuroot. add_command(label="输入已知数据",command=self. popup)
        global x
        menuroot. add_command(label="形成结果文本",command = lambda: save())
        # menuroot. add_command(label = "显示计算结果",command = lambda: sys. stdout. write
(self. entryValue()+'\n'))
        root['menu'] =menuroot
    def popup(self):
        self. wind1=popupWindow(self. master)
        self. master. wait_window(self. wind1. top)
    def entryValue(self):
        return self. wind1. value4
#(2)定义弹出窗口类与相关函数
class popupWindow(object):                          #设置输入数据窗口(弹出界面)
    def __init__(self,master):
        top=self. top=Toplevel(master)
        #A 设置弹出窗口界面
        top. geometry('400x180')                    #设置界面大小
        top. title("输入已知数据")                    #设置界面标题
        #B 设置不同输入数据对应标签的标题、符号、位置
        #B1 第 1 个数-桩径
        self. label1=Label(top,text="输入桩径:m")
        self. label1. place(x=20, y=20)
        self. entry1=Entry(top)
        self. entry1. place(x=170, y=28)
        #B2 第 2 个数-顶层参数 a
        self. label2=Label(top,text="输入桩端模型系数 a")
        self. label2. place(x=20, y=50)
        self. entry2=Entry(top)
        self. entry2. place(x=170, y=58)
```

```
    #B3 第 2 个数-顶层参数 b
    self. label3 = Label( top, text = "输入桩端模型系数 b")
    self. label3. place( x = 20, y = 80)
    self. entry3 = Entry( top)
    self. entry3. place( x = 170, y = 88)
    #C 设置按钮（确认输出数据）的标题及其位置
    self. button1 = Button( top, text = '确认输入数据', command = self. cleanup)
    self. button1. place( x = 100, y = 118)
def cleanup( self):                     #获得已知数据、计算、关闭窗口界面
    #A 获得数据
    self. value1 = self. entry1. get( )
    self. value2 = self. entry2. get( )
    self. value3 = self. entry3. get( )
    #B 进行数学计算
    Double1 = float( self. value1)
    Double2 = float( self. value2)
    Double3 = float( self. value3)
    #调用函数
    PPP1,SSS1 = TotalPL( Double1, Double2, Double3)   #计算桩顶荷载(MN)和位移(mm)
-含初始值中的零值
    #C 将计算结果转换为字符串变量
    self. value4 = str( PPP1)
    global x
    x11 = "桩径:"
    print( x11)
    x12 = "      " +self. value1+" m"
    print( x12)
    x21 = "桩端模型系数 a:"
    print( x21)
    x22 = "      " +self. value2
    print( x22)
    x31 = "桩端模型系数 b:"
    print( x31)
    x32 = "      " +self. value3
    print( x32)
    x41 = "荷载(MN)-位移(mm)模拟结果:"
    x = x11+x12+" \n" +x21+x22+" \n" +x31+x32+" \n" +x41
    k = 20;
    PPP = np. zeros( [k], dtype = 'float32')
    SSS = np. zeros( [k], dtype = 'float32')
    for k in range (1,20):
```

```
        PPP[k] = PPP1[k]
        SSS[k] = SSS1[k]
        print("    %.2f"%PPP[k]+"    %.2f"%SSS[k])
        x = x+"\n"+"    %.2f"%PPP[k]+"    %.2f"%SSS[k]
    #D 关闭窗口界面
    self.top.destroy()
```

本段代码为窗口类与相关函数的定义。

[代码段 3]

```
#3.2 定义后续计算调用函数
#(1) 定义文件保存函数
def save():
    Name = filedialog.asksaveasfilename(filetypes = [("Text file", ".txt"), ("Python file",
".py"), ("All Types", ".*")])
    file = open(Name, "w")
    file.write(x)
    file.close()
#(2)定义单元计算函数
def ElemPL(p, a, li, E, d):
    #进行单元的计算
    up = pi * d;                          #计算桩周长: m
    A = pi * d * d/4.0;                    #计算桩截面积: m^2
    T = p[1]/(a[0]+a[1] * p[1]);          #计算剪应力
    dp = up * li * T;                      #计算桩身轴力增量
    p1[0] = p[0]+dp;                       #计算桩身轴力
    dds = (p[0]+dp/2)/E/A * li;            #计算弹性压缩量
    p1[1] = p[1]+dds;                      #计算桩身沉降量
    return p1[0], p1[1]
#(3)编制整桩计算的函数
def TotalPL(d, ab, bb):
    #将桩径 d、桩端模型系数 ab、桩端模型系数 bb 作为未知参数
    #将桩顶荷载 PPP 和位移 SSS 计算结果作为返回参数
    #A 根据 (d, ab, bb) 计算 (PPP 和 SSS)
    A = pi * d * d/4;                      #计算桩截面积: m^2
    for i in range (0,Nyer):
        for j in range (0,Nlayer[i]):
            l[Ner[i]+j] = h[i]/Nlayer[i];  #计算每一细层的厚度
            AS[Ner[i]+j] = as1[i];         #提取每一细层的系数 1
            bs[Ner[i]+j] = bs1[i];         #提取每一细层的系数 2
    for k in range (1,20):
        s = k;                             #设置桩端初始位移 (m)
```

```
    for i in range (0,Ntotal−1):
        if (i == 0):
            PS[1] = s/1000;                              #设置桩端初始位移（mm）
            PS[0] = A * PS[1]/(ab+bb * PS[1]);           #计算桩端初始荷载（外力）（MN）
            DS[i] = PS[1];                               #提取桩端初始位移差
        a[0] = AS[i];                                    #提取第 i 细层的系数 as
        a[1] = bs[i];                                    #提取第 i 细层的系数 bs
        PSQ[0] = PS[0];                                  #计算第 i 细层的下部外力
        PSQ[1] = PS[1];                                  #计算第 i 细层的下部位移
        PSA[0] = a[0];                                   #提取第 i 细层的系数 as
        PSA[1] = a[1];                                   #提取第 i 细层的系数 bs
        PSN = ElemPL(PSQ, PSA, l[i], E, d);              #计算下一细层的荷载和位移
        PS[0] = PSN[0];                                  #提取下一细层的荷载
        PS[1] = PSN[1];                                  #提取下一细层的位移
        DS[i] = PS[1];                                   #提取下一细层的位移
        dp[i] = PS[0];                                   #提取下一细层的荷载
        dt[i] = DS[i]/(AS[i]+bs[i] * DS[i]) * 1000;      #%计算第 i 细层的剪切力
        a[0] = AS[i];                                    #提取最上细层的系数 as
        a[1] = bs[i];                                    #提取最上细层的系数 bs
        PSR[0] = PS[0];                                  #获得最上细层的支承力
        PSR[1] = PS[1];                                  #获得最上细层的底部位移
        PSB[0] = a[0];                                   #提取最上细层的系数 as
        PSB[1] = a[1];                                   #提取最上细层的系数 bs
        we1,we2 = ElemPL(PS, a, l[Ntotal], E, d);        #计算桩顶细层的荷载和位移
        dp[Ntotal] = we1;                                #提取最上细层的表面荷载
        ppp[k] = we1;                                    #提取最上细层的表面荷载
        sss[k] = we2 * 1000;                             #将桩顶细层位移转化为单位 mm
#B 绘制桩顶荷载 ppp−位移 sss 关系图形:
import matplotlib. pyplot as plt
import numpy as np
#B1 输入作图数据
k = 20;
PPP = np. zeros([k], dtype = 'float32')
SSS = np. zeros([k], dtype = 'float32')
for k in range (1,20):
    PPP[k] = ppp[k];                                     #提取桩顶位移（mm）
    SSS[k] = sss[k];                                     #提取桩顶荷载（MN）
#B2 创建作图窗口（点数为 8 x 6 分，辨率为 80 像素/英寸）
plt. figure(figsize=(8, 6), dpi=80)
#B3 设置作图格式
```

```
#B31 设置曲线型式（蓝色/紫色、宽度 1/2 像素、连续/不连续）
plt.plot(PPP, SSS, color = "#800080", linewidth = 2.0, linestyle = "--", label = "Relations between Loads-Diplacements")
#B32 设置横轴/纵轴的上下限（纵坐标轴倒转）
plt.xlim(0, 10)
plt.ylim(25, 0)
#B33 设置横轴/纵轴的标签
plt.xlabel("Load /MN")
plt.ylabel("Displacement /mm")
#B34 设置图例
plt.legend(loc = "upper left")
#B35 设置坐标轴位置
ax = plt.gca()
ax.xaxis.set_ticks_position('top')
#B4 显示图形
plt.show()
#C 设置返回值
return ppp,sss
```

本段代码为后续计算调用函数（文件保存、单元计算、整桩计算）的定义。

[代码段 4]

```
#4. 运行主窗口
#4.1 设置主窗口界面
root = Tk()
root.title("基桩荷载-位移关系模拟")    #设置界面标题
#4.2 加载并执行主窗口界面
m = mainWindow(root)
#5 关闭主窗口
root.mainloop()
```

本段代码执行主窗口的运行与关闭。

[运行结果] 见图 6-8（a）。

单击图(a)中"输入已知数据"，出现图(b)所示界面；
在图(b)所示界面中输入相关参数，出现图(c)所示界面；
在图(c)所示界面中单击"确认输入数据"，出现图(d)所示界面；
在图(d)所示界面中单击"形成结果文本"，出现"另存文件"对话框；
在新对话框中输入相应位置的相应文件"*.txt"，这一文件内容为输入数据和输出结果(荷载-位移关系数据)、可以用文本编辑器进行打开和编辑。

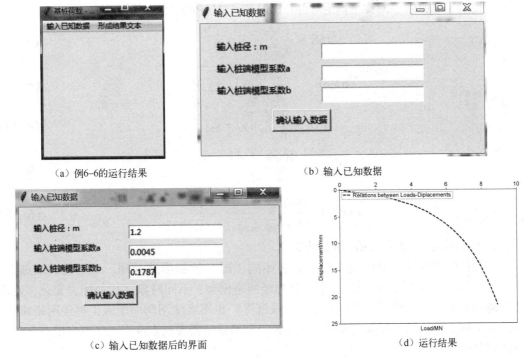

（a）例6-6的运行结果　　　　　　　　（b）输入已知数据

（c）输入已知数据后的界面　　　　　　　（d）运行结果

图 6-8　例 6-6 的运行结果与执行过程

6.4　基于人工神经网络的基坑施工影响分析

6.4.1　理论基础

　　近年来，我国城市化进程逐渐加快，深基坑数量越来越多、施工难度也越来越大，施工事故也时有发生。深度学习的飞速发展，为构建深基坑施工影响预测模型提供了一个新的工具。基于 LSTM 的人工神经网络模型，通过门控来判断数据是否符合网络输入要求、实现数据的保留和舍弃，能够实现过去、现在和未来信息的有效关联，可以有效学习序列数据特征、协同考虑时域和空域的变化特征与相互关系，可以用于深基坑开挖施工引起周边建筑物沉降的预测与分析。

　　建立基于 LSTM 的人工神经网络模型时，为了减少量纲对预测结果的影响、提高网络的泛化能力，可以对原始监测数据进行标准化处理：

$$y_i = (x_i - \bar{x})/s \tag{6-11}$$

式中，x_i 为原始监测数据；$\bar{x}$ 为原始监测数据的均值；s 为原始监测数据的标准差；y_i 为标准化后的原始监测数据。

　　对于实际监测数据记录时间间隔不等的情况，可以通过一定的插值方法对监测数据进行变换，使其成为等间隔序列数据。人工神经网络模型中的主要参数为训练样本和验证样本总数、训练样本百分比、初始学习率、隐藏单元数，模型的主要训练参数包括最大回代轮次、最小批处理大小、降低损失传递方法；可以通过不断改进超参数，建立预测效果较好的预测模型。模型评价参数通常有均方误差（MSE）、均方根误差（RMSE）、平均绝对误差（MAE）、平均绝对百分比误差（MAPE）、对称平均绝对百分比误差（SMAPE），它们分别定义为：

$$MSE = \frac{1}{n} \sum_{i=1}^{n} (y_i - \hat{y}_i)^2 \qquad (6-12)$$

$$RMSE = \sqrt{\frac{1}{n} \sum_{i=1}^{n} (y_i - \hat{y}_i)^2} \qquad (6-13)$$

$$MAE = \frac{1}{n} \sum_{i=1}^{n} |y_i - \hat{y}_i| \qquad (6-14)$$

$$MAPE = \frac{100\%}{n} \sum_{i=1}^{n} \left| \frac{y_i - \hat{y}_i}{y_i} \right| \qquad (6-15)$$

$$SMAPE = \frac{100\%}{n} \sum_{i=1}^{n} \frac{|y_i - \hat{y}_i|}{(|y_i| + |\hat{y}_i|)/2} \qquad (6-16)$$

式中，$\hat{y}_i$ 为预测值，y_i 为真实值，n 为点数。

需要特别注意的是，基坑施工通常存在不同工况（比如灌浆处理、地下连续墙施工、支撑施工），不同工况不宜使用同一个人工神经网络模型；不同对象（比如轴力变化、地面沉降、地面水平位移、建筑物沉降、地下管线沉降）也不宜使用同一个人工神经网络模型；同时，为了整个基坑施工阶段的安全，人工神经网络模型需要动态改变，多源多模态参数宜进行协同分析。

6.4.2 算例

[例 6-7] 已知建筑物沉降监测数据保存在 E：\Tumupy\C06_02.xls 中，使用 Python 建立 LSTM 人工神经网络模型实现监测数据的分析与预测。

[算例代码]

[代码段 1]

```
#1 环境设置
# - * - coding：UTF-8 - * -
#解决 plot 不能显示中文问题
from pylab import mpl
mpl. rcParams['font. sans-serif'] = ['Microsoft YaHei']    #指定默认字体
mpl. rcParams['axes. unicode_minus'] = False               #解决保存图形问题
#2 导入依赖库
import numpy as np
import torch
from torch import nn
import matplotlib. pyplot as plt
```

本段代码为环境设置、导入依赖库。

[代码段 2]

```
#3 定义 LSTM 人工神经网络
class LstmRNN( nn. Module)：
```

```python
    def __init__(self, input_size, hidden_size=1, output_size=1, num_layers=1):
        super().__init__()
        self.lstm = nn.LSTM(input_size, hidden_size, num_layers)  #torch.nn 中使用 LSTM 模型
        self.forwardCalculation = nn.Linear(hidden_size, output_size)
    def forward(self, _x):
        x, _ = self.lstm(_x)                    #_x 是输入, size(seq_len, batch, input_size)
        s, b, h = x.shape                       #x 是输出, size(seq_len, batch, hidden_size)
        x = x.view(s * b, h)
        x = self.forwardCalculation(x)
        x = x.view(s, b, -1)
        return x
if __name__ == '__main__':
    #创建数据集
    data_len = 200                              #数据集长度
    import xlrd
    #data_len = 287                             #数据集长度
    book0 = xlrd.open_workbook('E:\Tumupy\C06_02.xls')
    sheet0 = book0.sheets()[0]
    t = sheet0.col_values(0)
    book1 = xlrd.open_workbook('E:\Tumupy\C06_02.xls')
    sheet1 = book1.sheets()[1]
    cos_t = sheet1.col_values(0)
    dataset = np.zeros((data_len, 2))           #数据集设置初始值 0
    dataset[:,1] = cos_t                        #实际值(数据集)
    dataset = dataset.astype('float32')
    #对原始数据集作图,得到图(a)
    plt.figure()
    plt.plot(t, cos_t)
    plt.xlabel('监测点 F1 监测序号 /d')
    plt.ylim(-14.0, 1.0)                        #X 轴范围
    plt.ylabel('监测点 F1 建筑物沉降/mm')       #Y 轴标题
    plt.legend(loc='upper right')               #图例位置
    plt.savefig('E:\Tumupy\C06_03.jpg')         #将当前图形保存到文件
    #选择训练集和测试集
    train_data_ratio = 0.5
    train_data_len = int(data_len * train_data_ratio)
    train_x = dataset[:train_data_len, 0]
    train_y = dataset[:train_data_len, 1]
    INPUT_FEATURES_NUM = 1
    OUTPUT_FEATURES_NUM = 1
    t_for_training = t[:train_data_len]
    #test_x = train_x
```

```python
    #test_y = train_y
    test_x = dataset[train_data_len:, 0]
    test_y = dataset[train_data_len:, 1]
    t_for_testing = t[train_data_len:]
    #训练
    train_x_tensor = train_x.reshape(-1, 5, INPUT_FEATURES_NUM) #set batch size to 5
    train_y_tensor = train_y.reshape(-1, 5, OUTPUT_FEATURES_NUM) #set batch size to 5
    #将数据集转换为 pytorch 张量
    train_x_tensor = torch.from_numpy(train_x_tensor)
    train_y_tensor = torch.from_numpy(train_y_tensor)
    #test_x_tensor = torch.from_numpy(test_x)
    lstm_model = LstmRNN(INPUT_FEATURES_NUM, 16, output_size=OUTPUT_FEATURES_
NUM, num_layers=1)    #隐含单元数取 16
    print('LSTM model:', lstm_model)
    print('model.parameters:', lstm_model.parameters)
    loss_function = nn.MSELoss()
    optimizer = torch.optim.Adam(lstm_model.parameters(), lr=1e-2)
    max_epochs = 1000
    for epoch in range(max_epochs):
        output = lstm_model(train_x_tensor)
        loss = loss_function(output, train_y_tensor)
        loss.backward()
        optimizer.step()
        optimizer.zero_grad()
        if loss.item() < 1e-4:
            print('Epoch [{}/{}], Loss: {:.5f}'.format(epoch+1, max_epochs, loss.item()))
            print("The loss value is reached")
            break
        elif (epoch+1) % 100 == 0:
            print('Epoch: [{}/{}], Loss:{:.5f}'.format(epoch+1, max_epochs, loss.item()))
    #在训练集上的预测
    predictive_y_for_training = lstm_model(train_x_tensor)
    predictive_y_for_training = predictive_y_for_training.view(-1, OUTPUT_FEATURES_NUM)
.data.numpy()
    #将模型用于测试集
    lstm_model = lstm_model.eval() #switch to testing model
    #测试集的预测
    test_x_tensor = test_x.reshape(-1, 5, INPUT_FEATURES_NUM) #set batch size to 5, the same
value with the training set
    test_x_tensor = torch.from_numpy(test_x_tensor)
    predictive_y_for_testing = lstm_model(test_x_tensor)
```

```
        predictive_y_for_testing = predictive_y_for_testing. view( -1, OUTPUT_FEATURES_NUM)
. data. numpy( )
        #绘制相关图形
        plt. figure( )
        plt. plot( t_for_training, train_y, 'b', label ='训练集_计算值')
        plt. plot( t_for_training, predictive_y_for_training, 'y--', label ='训练集_预测值')
        plt. plot( t_for_testing, test_y, 'k', label ='测试集_计算值')
        plt. plot( t_for_testing, predictive_y_for_testing, 'm--', label ='测试集_预测值')
        plt. plot( [ t[ train_data_len], t[ train_data_len] ], [ -10. 0, 10. 0], 'r--', label ='分割线')
                                                                    #separation line
        plt. xlabel('监测点 F1 监测序号 /d')
        plt. ylabel('监测点 F1 建筑物沉降/mm')
        plt. xlim( t[ 0], t[ -1])
        plt. ylim( -10. 0, 10. 0)
        plt. legend( loc ='upper right')
        plt. text( 30, 2, "训练集", size = 15, alpha = 1. 0)
        plt. text( 100, 2, "测试集", size = 15, alpha = 1. 0)
        plt. savefig('E:\Tumupy\C06_04. jpg')        #将当前图形保存到文件
        plt. show( )        #得到图( b)
```

　　本段代码导入单个建筑物沉降监测数据，建立 LSTM 人工神经网络模型，对监测数据进行分析与预测。

　　[运行结果] 见图 6-9。

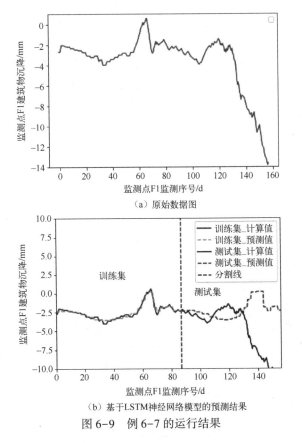

（a）原始数据图

（b）基于 LSTM 神经网络模型的预测结果

图 6-9　例 6-7 的运行结果

习题 6

1. 根据循环直剪试验结果绘制滞回圈与骨架曲线，进行动力特性计算，分析骨架曲线两端曲线变化的特点。

2. 编制 Python 代码，实现浅基础沉降计算的可视化应用程序，分析泊松比变化对沉降计算结果的影响。

3. 编制 Python 代码，模拟单桩荷载位移关系，分析桩径大小对这一关系的影响；说明当桩-土关系不采用双曲线模型时，对代码进行修改的方法。

4. 编制 Python 代码，建立基坑施工引起建筑物沉降的人工神经网络模型，分析数据点数、超参数、激活函数类型对模型评价指标的影响。

附录 A　本书所用文件名一览

表 A-1 是本书所用文件名一览表。所有文件的文件名均采用"C 章序_序号"的方式命名。例如，第 2 章中第 5 个文件是 C02_05. txt。

使用本书时，请将表中的所有文件下载后粘贴到文件夹 E:\TumuPy。如果读者在学习中需要原始代码或者相关文件，可通过电子邮箱 lfyzju@ shu. edu. cn 或 xjming@ shu. edu. cn 与作者联系。

表 A-1　本书所用文件名一览表

章 序	文 件 名 称	来 源
1	Anaconda3-2023. 03-1-Windows-x86_64. exe	https://www. anaconda. com/download#downloads
2	C02_01. py, C02_01. txt~C02_06. txt C02_07. xls, C02_08. html C02_09. db, C02_10. txt, C02_11. npy C02_12. npz, C02_13. jpg, C02_14. avi C02_15. jpg~C02_17. jpg C02_18. avi, C02_19. py	书中数据文件和基本代码（主要是第 2 章~第 4 章的原始代码）文件，可以在以下网站下载： 　http://www. xujinming. com/TumuPy 　（比如，要获得文件 C02_05. txt，在浏览器中打开 http://www. xujinming. com/TumuPy/C02 _ 05. txt 并另存为 E:\TumuPy\C02_05. txt） 　书中部分代码（主要是第 5 章~第 6 章的原始代码）文件，可以通过使用微信号 ShXJM1963 或扫描如下的二维码与作者联系。
3	C03_01. xls, C03_02. csv C03_03. csv, C03_04. xls	
4	C04_01. png, C04_02. png C04_03, C04_04. py C04_05. csv, C04_06. npz	
5	C05_01. txt, C05_02. xlsx	
6	C06_01. xls, C06_02. xls C06_03. jpg, C06_04. jpg	

参 考 文 献

1. LECUN Y, BENGIO Y, HINTON G. Deep learning [J]. Nature, 2015, 521 (7553): 436-444.
2. WANG Y L, XU J M, ASADZADEH M, et al. Investigation of granite deformation process under axial load using LSTM-based architectures [J]. Computer Modeling in Engineering and Sciences, 2020, 124 (2): 643-664.
3. 邓建国, 张素兰, 张继福, 等. 监督学习中的损失函数及应用研究 [J]. 大数据, 2020, 6 (1): 60-80.
4. 韩力群, 施彦. 人工神经网络理论及应用 [M]. 北京: 机械工业出版社, 2016.
5. 江泽涛, 秦嘉奇, 张少钦. 参数池化卷积神经网络图像分类方法 [J]. 电子学报, 2020, 48 (9): 1729-1734.
6. 刘建伟, 赵会丹, 罗雄麟, 等. 深度学习批归一化及其相关算法研究进展 [J]. 自动化学报, 2020, 46 (6): 1090-1120.
7. 陶雪杰, 徐金明, 王树成. 使用长短期记忆人工神经网络进行花岗岩变形破坏阶段的判别 [J]. 水文地质工程地质, 2021, 48 (3): 126-134.
8. 王鸿斌, 张立毅, 胡志军. 人工神经网络理论及其应用 [J]. 山西电子技术, 2006 (2): 41-43.
9. 徐静萍, 王芳. 基于改进的 S-ReLU 激活函数的图像分类方法 [J]. 科学技术与工程, 2022, 22 (29): 12963-12968.
10. 朱楚雄, 徐金明, 钟传江. 使用全卷积神经网络研究花岗岩中不同组分的分布特征 [J]. 中国地质灾害与防治学报, 2020, 32 (1): 127-134.